普通高等教育"十四五"计算机基础系列教材

计算机应用基础

主　编◎王小伟　宁光芳　于景茹

副主编◎李　杰　张　娟　杨　茜　王杰昌

中国铁道出版社有限公司
CHINA RAILWAY PUBLISHING HOUSE CO., LTD.

内容简介

本书是为高等院校非计算机专业学生编写的计算机基础教材，主要讲述计算机基础知识及相关应用技术在体育领域的使用方法。全书分基础篇、应用篇、拓展篇。基础篇和应用篇共 9 章，基础篇包括计算机理论与计算思维、操作系统、计算机网络基础、多媒体技术；应用篇包括 WPS 文字处理、WPS 表格处理、WPS 演示文稿、程序设计、视频编辑软件 Premiere；拓展篇主要讲述计算机新技术在体育领域的 5 个应用案例。

本书内容丰富，选材贴合体育领域的应用，在注重系统性和科学性的基础上，突出了实用性及操作性。本书配有二维码，可随时扫码观看微课讲解。

本书适合作为体育院校或普通高等学校非计算机专业的计算机基础课程教材，也可作为计算机培训班用书或自学参考用书。

图书在版编目（CIP）数据

计算机应用基础 / 王小伟，宁光芳，于景茹主编 . —
北京：中国铁道出版社有限公司，2023.12（2024.12重印）
普通高等教育"十四五"计算机基础系列教材
ISBN 978-7-113-30412-6

Ⅰ.①计⋯　Ⅱ.①王⋯ ②宁⋯ ③于⋯　Ⅲ.①电子计算机 - 高等学校 - 教材　Ⅳ.① TP3

中国国家版本馆 CIP 数据核字（2023）第 139026 号

书　　名：计算机应用基础	
作　　者：王小伟　宁光芳　于景茹	
策　　划：韩从付	编辑部电话：（010）63549508
责任编辑：陆慧萍　绳　超	
封面设计：刘　颖	
责任校对：刘　畅	
责任印制：赵星辰	

出版发行：中国铁道出版社有限公司（100054，北京市西城区右安门西街 8 号）
网　　址：https://www.tdpress.com/51eds
印　　刷：天津嘉恒印务有限公司
版　　次：2023 年 12 月第 1 版　2024 年 12 月第 2 次印刷
开　　本：787 mm×1 092 mm　1/16　印张：16　字数：392 千
书　　号：ISBN 978-7-113-30412-6
定　　价：46.00 元

党的二十大报告指出："教育是国之大计、党之大计。培养什么人、怎样培养人、为谁培养人是教育的根本问题。"在大数据、云计算、物联网、人工智能、互联网飞速发展的今天，计算机正在对人们的生活、工作，甚至思维产生深刻的影响。如何有效利用计算机分析和解决问题，将与阅读、写作和算术一样，成为每个人必备的基本技能。因此，高校开设的大学计算机基础课程也应当与时俱进，紧跟社会发展步伐和时代需要，这样才能培育出符合时代需要的人才。

"大学计算机基础"是高等学校非计算机专业的公共必修课程，它的改革越来越受到人们的关注。本书编写的宗旨是使读者较全面、系统地了解计算机基础知识，具备计算机实际应用能力。书中案例以体育领域为主，旨在起到抛砖引玉的效果，使读者能够举一反三，在理解计算机基础知识的同时，能主动在各自的专业领域自觉地应用计算机进行问题求解，能动手解决具有一定难度的实际问题。本书照顾了不同专业、不同层次学生的需要，不仅涵盖计算思维、操作系统、计算机网络基础、多媒体技术等方面的基础理论知识，而且涵盖办公处理、程序设计、视频编辑等应用技术，注重应用能力的培养。还增加了计算机新技术在体育领域的拓展应用案例，实用性较强，能够充分锻炼学生的实际动手能力，拓宽学生视野。

本书分为基础篇、应用篇、拓展篇。第 1~4 章为基础篇，其中第 1 章介绍计算机理论与计算思维及计算机的基本知识与概念；第 2 章介绍操作系统基础知识，以 Windows 10 为例介绍了操作系统的具体使用；第 3 章介绍计算机网络基础知识、Internet 基础、网络应用及网络安全等知识；第 4 章介绍多媒体技术。第 5~9 章为应用篇，其中第 5~7 章分别介绍 WPS 文字处理、WPS 表格处理、WPS 演示文稿等常用办公软件的使用；第 8 章介绍程序设计基础知识及 Python 语言基础知识；第 9 章介绍视频编辑软件 Premiere 的使用与创作过程。拓展篇以案例形式介绍信息技术在体育领域的相关应用，包括智能手环在体育教学中的应用、人工智能在校园足球中的应用等。

参加本书编写的作者是多年从事一线教学的教师，具有较为丰富的教学经验。在编写时注重原理与实践紧密结合，注重实用性和可操作性；案例的选取贴近学生日常需要，文字叙述深入浅出。另外，本书附有配套的二维码，学生可通过扫码观看视频讲解，方便自学。

　　本书由王小伟、宁光芳、于景茹任主编，李杰、张娟、杨茜、王杰昌任副主编。参加编写的有常琳林、徐丹、王建锋、赵新辉等。其中，第1、8章由杨茜编写，第2章由于景茹编写，第3章由张娟编写，第4、9章由宁光芳编写，第5章由王杰昌编写，第6、7章由王小伟编写，其余内容由李杰、常琳林、赵新辉、王建锋、徐丹编写。全书由王小伟负责统稿。在本书的编写过程中，参考了大量文献资料和网络素材，在内容的甄选、全书组织形式等方面借鉴了同类书的成功经验，在此一并向相关作者表示衷心的感谢！也向曾提供支持和帮助的各界人士表示深深的谢意！

　　由于编者水平有限，书中难免会有一些疏漏之处，恳请专家、读者批评指正。编者邮箱：wxiaowei@peczzu.edu.cn。

编　者

2023 年 6 月

目　录

应 用 篇

拓 展 篇

基 础 篇

第1章

计算机理论与计算思维

本章要点：

- 计算机的发展和应用。
- 计算机的工作原理。
- 计算机中数据的表示。
- 计算理论。
- 计算思维。

▌ 1.1　计算机的发展和应用

简单来讲，计算机就是能够执行程序、完成各种自动计算的机器，包括软件和硬件。软件是运行在硬件设备上的各种程序；硬件是指能够看得见摸得着的设备。下面介绍计算机的诞生和发展、计算机的应用等内容。

1.1.1　第一台计算机的诞生

世界上第一台计算机诞生于 1946 年，这台计算机的名字称为"ENIAC"，它的中文译名为"埃尼阿克"，是由美国科学家莫克利和艾克特在美国宾夕法尼亚大学研究发明出来的，是当时世界上第一台电子数字积分计算机，如图 1-1 所示。

图 1-1　世界上第一台计算机

名字称为"ENIAC"的这台计算机，是由当时的美国军方出资进行研究的，这台计算机研发出来之后，美国军方就利用它进行弹道的计算。这台计算机体型十分巨大，它整体占地达 170 m^2，它的质量高达 30 t。

"ENIAC"每秒可进行 5 000 次运算，在当时的环境下看是十分不可思议的。这项发明研究可以说是人类史上里程碑式的科学技术发明之一，在现如今的社会中，计算机的应用已经渗透各行各业。

1.1.2 计算机的发展阶段

1. 计算机的分代

从第一台电子计算机诞生至今，计算机技术得到了迅猛的发展。通常，根据计算机所采用的主要物理器件，可将计算机的发展大致分为四个阶段：电子管时代、晶体管时代、中小规模集成电路时代、大规模和超大规模集成电路时代。表1-1所示为四代计算机的主要特征。

表 1-1　四代计算机的主要特征

指　标	年　代			
	第一代（1946—1957）	第二代（1958—1964）	第三代（1965—1970）	第四代（1971 年至今）
电子器件	电子管	晶体管	中小规模集成电路	大规模和超大规模集成电路
主存储器	阴极射线示波管静电存储器、汞延迟线存储器	磁芯、磁鼓存储器	磁芯、半导体存储器	半导体存储器
运算速度	几千次～几万次／秒	几十万次～百万次／秒	百万次～几百万次／秒	几百万次～千亿次／秒
技术特点	辅助存储器采用磁鼓；输入／输出装置主要采用穿孔卡；使用机器语言和汇编语言编程，主要用于科学计算	辅助存储器采用磁盘和磁带；提出了操作系统的概念；使用高级语言编程，应用开始进入实时过程控制和数据处理领域	磁盘成为不可缺少的辅助存储器，并开始采用虚拟存储技术；出现了分时操作系统，程序设计采用结构化、模块化的设计方法	计算机体系结构有了较大发展，并行处理、多机系统、计算机网络等进入实用阶段；软件系统工程化、理论化，程序设计实现部分自动化

第五代计算机，也就是智能电子计算机，其正在研究过程中，目标是希望计算机能够打破以往固有的体系结构，能够像人一样具有理解自然语言、声音、文字和图像的能力，并且具有说话的能力，使人机能够用自然语言直接对话，它可以利用已有的和不断学习到的知识，进行思维、联想、推理并得出结论，能解决复杂问题，具有汇集、记忆、检索有关知识的能力。另外，人们还在探索研究各种新型的计算机，如生物计算机、光子计算机、量子计算机、神经网络计算机等。

2. 微型计算机发展

日常生活中人们使用最多的个人计算机（personal computer，PC）又称微型计算机，其主要特点是采用中央处理器（central processing unit，CPU）作为计算机的核心部件（在微型计算机中常称为微处理器）。按照计算机使用的微处理器的不同，形成微型计算机不同的发展阶段。

第一代（1971—1972）。Intel公司于1971年利用4位微处理器Intel 4004，组成了世界上第一台微型计算机MCS-4。1972年，Intel公司又研制了8位微处理器Intel 8008。人们通常把这种由4位、8位微处理器构成的计算机，划分为第一代微型计算机。

第二代（1973—1977）。1973年开发出了第二代8位微处理器。具有代表性的产品有Intel公司的Intel 8080、Zilog公司的Z80等。由第二代微处理器构成的计算机称为第二代微型计算机。它的功能比第一代微型计算机明显增强，以它为核心的外围设备也有了相应发展。

第三代（1978—1980）。1978年开始出现了16位微处理器，代表性的产品有Intel公司的Intel 8086等。由16位微处理器构成的计算机称为第三代微型计算机。

第四代（1981—1992）。1981年，采用超大规模集成电路构成的32位微处理器问世，具有代表性的产品有Intel公司的Intel 386、Intel 486、Zilog公司的Z8000等。用32位微处理器构成的计算机称为第四代微型计算机。

第五代（1993—2002）。1993年以后，Intel公司又陆续推出了Pentium、Pentium Pro、Pentium MMX、Pentium Ⅱ、Pentium Ⅲ和Pentium 4，这些CPU的内部都是32位数据总线宽度，所以都属于32位微处理器。在此过程中，CPU的集成度和主频不断提高，带有更强的多媒体效果。

第六代（2003年至今）。2003年9月，AMD公司发布了面向台式机的64位微处理器：Athlon 64和Athlon 64 FX，标志着64位微型计算机的到来；2005年2月，Intel公司也发布了64位微处理器。由于受物理元器件和工艺的限制，单纯提升主频已经无法明显提高计算机的处理速度，2005年6月，Intel公司和AMD公司相继推出了双核心处理器；2006年，Intel公司和AMD公司发布了四核心桌面处理器。多核心架构并不是一种新技术，以往一直运用于服务器，所以将多核心也归为第六代64位微处理器。

总之，微型计算机技术发展异常迅猛，平均每两三个月就有新产品出现，平均每两年芯片集成度提高一倍，性能提高一倍，价格反而有所降低。微型计算机将向着质量更小、体积更小、运行速度更快、功能更强、携带更方便、价格更便宜的方向发展。

1.1.3 计算机发展趋势

目前，计算机会朝着微型化、巨型化、网络化和智能化四个方向发展。

1. 微型化

微型化是指体积更小、功能更强、可靠性更高、携带更方便、价格更便宜、适用范围更广的计算机系统。微型计算机已嵌入电视、电冰箱、空调等家用电器以及仪器、仪表等小型设备中，同时也进入工业生产中作为主要部件控制着工业生产的整个过程，实现了生产过程自动化。

2. 巨型化

巨型化是指运算速度更快、存储容量更大、功能更强的巨型计算机。巨型计算机的发展集中体现了计算机科学技术的发展水平，主要用于尖端科学技术和军事国防系统的研究开发，以及大型工程计算、科学计算、数值仿真、大范围天气预报、地质勘探、高性能飞机船舶的模拟设计、核反应处理等尖端科学技术研究。

3. 网络化

计算机网络是现代通信技术与计算机技术相结合的产物。网络化就是利用现代通信技术和计算机技术，将分布在不同地点的计算机连接起来，在网络软件的支持下实现软件、硬件、数据资源的共享。目前，使用最广泛的计算机网络是Internet，人们以某种形式将计算机连接到网络上，以便在更大的范围内，以更快的速度相互交换信息、共享资源和协同工作。

4．智能化

让计算机模拟人的感觉、行为、思维过程等，使计算机具有视觉、听觉、语言、推理、思维、学习等能力，成为智能型计算机。其中，最具代表性的领域是专家系统和机器人，机器人是一种能模仿人类智能和肢体功能的计算机操作装置，可以完成工业、军事、探险和科学领域中的复杂工作。2017年，更是有人工智能系统AlphaGo与围棋世界冠军柯洁的人机大战3∶0获胜。计算机正朝着智能化的方向发展，并越来越多地代替人类的脑力劳动。

小知识

计算机发展日新月异，中国华为技术有限公司是全球领先的信息与通信技术公司，也是国内顶端的高新技术企业，为使我国通信产业早日走向世界通舞台，贡献着自己的智慧热忱与执着。

1.1.4 计算机的应用

计算机的应用涉及科学技术、工业、农业、军事、交通运输、金融、教育及社会生活的各个领域，归纳起来有以下六方面。

1．科学计算

科学计算又称数值运算，是指用计算机来解决科学研究和工程技术中所提出的复杂的数学问题。科学计算主要包括数值分析、运筹学、模仿和仿真、高性能计算，是计算机十分重要的应用领域。计算机技术的快速性与精确性大大提高了科学研究与工程设计的速度和质量，缩短了研制时间，降低了研制成本。例如，卫星发射中卫星轨道的计算、发射参数的计算、气动干扰的计算，都需要高速计算机进行快速而精确的计算才能完成。

2．信息处理

人类在科学研究、生产实践、经济活动和日常生活中每时每刻都在获得大量的信息，计算机在信息处理领域已经取得了辉煌的成就。据统计，世界上70%以上的计算机主要用于信息处理，因此，计算机也早已不再是传统意义上的计算工具了。信息处理的主要特点是数据量大，计算方法简单。计算机具有高速运算、海量存储、逻辑判断等特点，已成为信息处理领域最强有力的工具，被广泛用于信息传递、信息检索、企事业管理、商务、金融、办公自动化等领域。

3．实时控制

实时控制又称过程控制，要求及时地检测和收集被控对象的有关数据，并能按最佳状况进行自动调节和控制。利用计算机可以提高自动控制的准确性，例如，在现代工业生产中大量出现的智能仪表、自动化生产线、加工中心，乃至无人车间和无人工厂，其高度复杂的过程及自动化程度，大大提高了生产效率和产品质量，改善了劳动条件，节约能源并降低了成本。实时控制的突出特点是实时性强，即计算机的反应时间必须与被控过程的实际所需时间相适应。实时控制广泛用于工业、现代农业、交通运输、军事等领域。

4．计算机辅助系统

计算机辅助系统包括计算机辅助设计（computer aided design，CAD）、计算机辅助教学（computer aided instruction，CAI）、计算机辅助制造（computer aided management，CAM）、计

算机辅助工程（computer aided engineering，CAE）等。计算机辅助系统可以帮助人们有效地提高工作效率。现代的一些无人工厂正是借助各类辅助系统实现从订单、设计、图纸到工艺、制造以及销售的全自动过程。

5. 人工智能

人工智能是计算机科学理论的一个重要领域。人工智能是探索和模拟人的感觉和思维过程的科学，它是在控制论、计算机科学、仿生学、生理学等基础上发展起来的、新兴的边缘学科。其主要内容是研究感觉与思维模型的建立，图像、声音、物体的识别。目前，人工智能在机器人研究和应用方面方兴未艾，对机器人视觉、触觉、嗅觉、语音识别等领域的研究已经取得了很大进展。

6. 多媒体技术

近年来，多媒体技术得到迅速发展，多媒体系统的应用更以极强的渗透力进入人类生活的各个领域，如游戏、教育、图书、娱乐、艺术、股票债券、元宇宙等。元宇宙（metaverse）是利用科技手段进行链接与创造的与现实世界映射与交互的虚拟世界，是具备新型社会体系的数字生活空间。目前，元宇宙的概念及运用还在探索当中，期待在未来元宇宙能为人类的发展带来更多可能性。

▌1.2　计算机的工作原理

计算机自诞生以来，尽管其制造技术已经发生了很大的变化，但其基本体系都基于美籍匈牙利数学家冯·诺依曼提出的"存储程序"的设计思想。

1.2.1　冯·诺依曼基本原理

1945年6月，冯·诺依曼提出了在数字计算机内部的存储器中存放程序的概念（stored program concept），这是所有现代电子计算机的模型，称为"冯·诺依曼结构"，按这一结构建造的计算机称为存储程序计算机（stored program computer），又称通用计算机或冯·诺依曼计算机。冯·诺依曼计算机由运算器、存储器、控制器、输入设备和输出设备五大部件组成，并规定了这五部分的基本功能。冯·诺依曼计算机模型如图1-2所示。

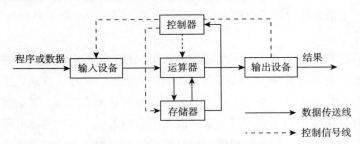

图1-2　冯·诺依曼计算机模型

"程序存储执行"是冯·诺依曼计算机的核心思想，具体内容是：事先编制程序，并将程序（包含指令和数据）存入主存储器中，计算机在运行程序时自动地、连续地从存储器中依次取出指令并且执行。

基于这种思想，计算机就能高速自动地运行。计算机的主要工作就是执行程序，其功能的扩展在很大程度上也体现为所存储程序的扩展，计算机的许多具体工作方式也由此产生。

除了这种创造性的思想之外，冯·诺依曼还借鉴了德国哲学家、数学家莱布尼茨所提出的"二进制"的思想，认为二进制是计算机数据和指令的最佳表示形式。在冯·诺依曼计算机中，数据和指令都以二进制的形式存储在存储器中，从存储器存储的角度来看两者并无区别，都是由0和1组成的序列，只是各自约定的含义不同而已。计算机在读取指令时，把从存储器读到的信息看作是指令；而在读取数据时，把从存储器读到的信息看作是操作数。数据和指令在程序编制的过程中就已区分清楚，所以通常情况下两者不会产生混乱。

冯·诺依曼类型的计算机一般应具有以下几项功能：

①必须具有长期记忆程序、数据、中间结果及最终运算结果的能力。

②能够完成各种算术、逻辑运算和数据传送等数据加工处理的能力。

③能够根据需要控制程序走向，并能根据指令控制机器的各部件协调操作。

④能够按照要求将处理结果输出给用户。

冯·诺依曼体系结构的计算机从本质上讲采取的是串行顺序处理的工作机制，即使有关数据已经准备好，也必须逐条执行指令序列。

小知识：你知道"计算机之父"是谁吗？

冯·诺依曼是20世纪最重要的数学家之一，在现代计算机、博弈论、核武器等领域有杰出建树的最伟大的科学全才之一，被称为"计算机之父"。

1.2.2　计算机系统的基本构成

一个完整的计算机系统是由硬件系统和软件系统两部分组成的。硬件系统是指组成计算机的物理设备，即由电子器件、机械部件构成的具有输入、输出、处理等功能的实体部件。软件系统是指计算机系统中的程序以及开发、使用和维护程序所形成的文档。计算机系统的组成如图1-3所示。

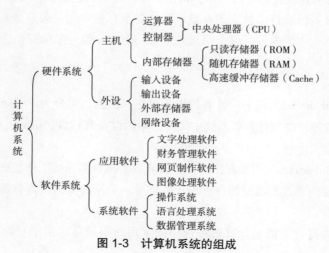

图 1-3　计算机系统的组成

1. 计算机硬件系统

根据组成计算机各部分的功能划分，计算机硬件系统由控制器、运算器、存储器、输入设备和输出设备五部分组成。

（1）控制器

控制器（controller）是整个计算机的控制指挥中心，其功能是控制计算机各部件自动协调地工作。控制器负责从存储器中取出指令，然后进行指令的译码、分析，并产生一系列控制信号。这些控制信号按照一定的时间顺序发往各部件，控制各部件协调工作，并控制程序的执行顺序。

（2）运算器

运算器是对信息进行加工、运算的部件。运算器的主要功能是对二进制数进行算术运算（加、减、乘、除）、逻辑运算（与、或、非）和位运算（移位、置位、复位），又称算术逻辑单元（arithmetic logical unit，ALU）。它由加法器（adder）、补码器（complementer）等组成。运算器和控制器一起组成中央处理器。

（3）存储器

存储器（memory）是计算机存放程序和数据的设备。它的基本功能是按照指令要求向指定的位置存进（写入）或取出（读出）信息。

计算机中的存储器分为两大类：主存储器（又称内存储器，简称内存）和辅助存储器（又称外存储器，简称外存）。

内存按存取方式的不同，可分为随机存储器（random access memory，RAM）和只读存储器（read only memory，ROM）两类。RAM中的信息可以通过指令随时读出和写入，在计算机工作时用来存放运行的程序和使用的数据，断电以后RAM中的内容自行消失。ROM是一种只能读出而不能写入的存储器，其信息的写入是在特殊情况下进行的，称为"固化"，通常由厂商完成。ROM一般用于存放系统专用的程序和数据。其特点是关掉电源后存储器中的内容不会消失。

外存用于扩充存储器容量和存放"暂时不用"的程序和数据。外存的容量大大高于内存的容量，但它存取信息的速度比内存慢很多。常用的外存有磁盘、磁带、光盘等。

计算机的内存被划分成许多独立的存储单元，每个存储单元一般存放8位二进制数。为了有效地存取该存储单元中的内容，每个单元必须有一个唯一编号来标识，这些编号称为存储单元的地址。

（4）输入设备

输入设备（input device）用来向计算机输入程序和数据，可分为字符输入设备、图形输入设备、声音输入设备等。微型计算机系统中常用的输入设备有键盘、鼠标、扫描仪、光笔等。

（5）输出设备

输出设备（output device）用来向用户报告计算机的运算结果或工作状态，它把存储在计算机中的二进制数据转换成人们需要的各种形式的信号。常见的输出设备有显示器、打印机、绘图仪等。

U盘和硬盘驱动器也是微型计算机系统中的常用外围设备，由于U盘和硬盘中的信息是可读写的，所以，它们既是输入设备，也是输出设备。这样的设备还有传真机、调制解调器（modem）等。

2. 计算机软件系统

软件是为了运行、管理和维护计算机所编制的各种程序及相应文档资料的总和。软件系统可分为系统软件和应用软件两大类。

（1）系统软件

系统软件是为了方便用户使用和管理计算机，以及为生成、准备和执行其他程序所需要的一系列程序和文件的总称，包括操作系统、机器语言、汇编程序，以及各种高级语言的编译或解释程序等。

①操作系统：是最基本的系统软件，直接管理计算机的所有硬件和软件资源。操作系统是用户与计算机之间的接口，绝大部分用户都是通过操作系统来使用计算机的。同时，操作系统又是其他软件的运行平台，任何软件的运行都必须依靠操作系统的支持。

使用操作系统的目的是提高计算机系统资源的利用率和方便用户使用计算机。操作系统的主要功能为作业管理、CPU 管理、存储管理、设备管理和文件管理。

②程序设计语言：是生成和开发应用软件的工具，一般包括机器语言、汇编语言和高级语言三大类。

机器语言是面向机器的语言，是计算机唯一可以识别的语言，它用一组二进制代码（又称机器指令）来表示各种各样的操作。用机器指令编写的程序称为机器语言程序（又称目标程序），其优点是不需要翻译而能够直接被计算机接收和识别，由于计算机能够直接执行机器语言程序，所以其运行速度最快；缺点是机器语言通用性极差，用机器指令编制出来的程序可读性差，程序难以修改、交流和维护。

机器语言程序的不易编制与阅读促使了汇编语言的产生。为了便于理解和记忆，人们采用能反映指令功能的英文缩写助记符来表达计算机语言，这种符号化的机器语言就是汇编语言。汇编语言采用助记符，比机器语言直观、容易记忆和理解。

汇编语言也是面向机器的程序设计语言，每条汇编语言的指令对应了一条机器语言的代码，不同型号的计算机系统都有自己的汇编语言。

高级语言采用英文单词、数学表达式等人们容易接受的形式书写程序中的语句，相当于低级语言中的指令。它要求用户根据算法，按照严格的语法规则和确定的步骤用语句表达解题的过程，它是一种独立于具体的机器而面向过程的计算机语言。

高级语言的优点是其命令与人类自然语言和数学语言十分接近，通用性强、使用简单。高级语言的出现使得各行各业的专业人员无须学习计算机的专业知识，就拥有了开发计算机程序的强有力工具。

用高级语言编写的程序即源程序，必须翻译成计算机能识别和执行的二进制机器指令才能被计算机执行。由源程序翻译成的机器语言程序称为"目标程序"。

高级语言源程序转换成目标程序有两种方式：解释方式和编译方式。解释方式是把源程序逐句翻译，翻译一句执行一句，边解释边执行。解释程序不产生将被执行的目标程序，而是借助于解释程序直接执行源程序本身。编译方式是首先把源程序翻译成等价的目标程序，然后再执行此目标程序。

目前，比较流行的高级语言有C、C++、Python、Java等。有时也把一些数据库开发工具归入高级语言，如SQL 2019、MySQL、PowerBuilder等。

（2）应用软件

应用软件是为解决各种实际问题所编制的程序。应用软件有的通用性较强，如一些文字和图表处理软件，有的是为解决某个应用领域的专门问题而开发的，如人事管理程序、工资管理程序等。应用软件往往涉及某个领域的专业知识，开发此类程序需要较强的专业知识作为基础。应用软件在系统软件的支持下工作。

3. 微型计算机系统组成

微型计算机是大规模集成电路发展的产物，是以中央处理器为核心，配以存储器、I/O接口电路及系统总线所组成的计算机。微型计算机以其结构简单、通用性强、可靠性高、体积小、质量小、耗电少、价格便宜，成为计算机领域中一个必不可少的分支。

微型计算机在系统结构和基本工作原理上与其他计算机没有本质的区别。通常，将微型计算机的硬件系统分为两大部分：主机和外围设备。主机是微型计算机的主体，微型计算机的运算、存储过程都是在这里完成的。主机以外的设备称为外围设备。

从外观上看，一台微型计算机的硬件主要包括主机箱、显示器和常用输入/输出设备（如鼠标、键盘等），如图1-4所示。

图1-4　计算机硬件设备

主机包含微型计算机的大部分重要硬件设备，如CPU、主板、内存、硬盘、光驱、各种板卡、电源及各种连线。外围设备包含常用输入/输出设备等。

1.2.3　程序和指令的执行过程

1. 计算机的指令和程序

指令就是让计算机完成某个操作所发出的命令，即计算机完成某个操作的依据。一条指令通常由操作码和操作数两部分组成，操作码指明该指令要完成的操作，操作数是指参加操作的数或者操作数所在的单元地址。一台计算机所有指令的集合，称为该计算机的指令系统。

程序是人们为解决某一问题而为计算机编制的指令序列。程序中的每条指令必须是所用计算机的指令系统中的指令。指令系统是提供给使用者编制程序的基本依据。指令系统反映了计算机的基本功能，不同的计算机其指令系统也不相同。

2. 计算机执行指令的过程

计算机执行指令一般分为两个阶段。首先将要执行的指令从内存中取出送入CPU，然后由CPU对指令进行分析译码，判断该条指令要完成的操作，并向各个部件发出完成该操作的控制信号，完成该指令的功能。当一条指令执行完后，自动进入下一条指令的取指操作。

3. 程序的执行过程

程序由计算机指令序列组成，程序的执行就是逐条执行这一序列当中的指令。也就是说，计算机在运行时，CPU从内存读出一条指令到CPU执行，指令执行完，再从内存读出下一条指令到CPU执行。CPU不断地取指令并执行指令，这就是程序的执行过程。

4. 工作原理

计算机的工作原理可以概括为存储程序、程序控制，如图1-5所示。

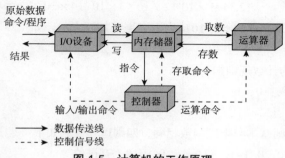

图 1-5　计算机的工作原理

其具体的执行过程是计算机在运行时，先从内存中取出第一条指令，通过控制器的译码，按指令的要求，从存储器中取出数据进行指定的运算和逻辑操作等加工，然后再按地址把结果送到内存中。接下来，再取出第二条指令，在控制器的指挥下完成规定操作。依次进行下去，直至遇到停止指令。总之，程序与数据一样存取，按程序编排的顺序，逐步地取出指令，自动完成指令规定的操作。

▌1.3　计算机中数据的表示

数据是对事实、概念或指令的一种特殊表达形式，可以进行通信、转换或加工处理。一般的数字、文字、图片和声音都是数据，计算机通过二进制编码形式对其进行处理。计算机内部可以把数据区分为数值型和非数值型。

1.3.1　计数制

计算机内部的信息表示和计算依赖于计算机的硬件电路。计算机由电子电路组成，电子电路有两个基本状态，即电路的接通与断开，这两种状态正好可以用1和0来表示。另外，使用电子电路能够较容易地实现二进制的运算。因此必须将各种信息转换成计算机能够接收和处理的二进制数据，这种转换往往由外围设备和计算机自动进行。输入计算机的各种数据都要转换成二进制数存储，计算机才能进行运算和处理；同样，从计算机中输出的数据也要进行逆向转换。

　　人们最熟悉的是十进制数，计算机的输入/输出也要使用十进制数。为了便于记录、阅读或是编制程序方便，通常需要将二进制数转换为十进制数、八进制数或十六进制数。

1. 十进制

十进制（decimal）的计数规则如下：

①有10个不同的数码：0、1、2、3、4、5、6、7、8、9。

②逢十进一，借一当十。

通常把一种数制所拥有的数码的个数称为该数制的基数，十进制有10个数码，基数为10。

十进制中各数字符号的权为10的整数次幂，个位的权为1（10^0），十位的权为10（10^1），百位的权为100（10^2）……

一个十进制数按位权展开，可以写成一个多项式的形式，如12.34可以写成：

$$12.34=1 \times 10^1+2 \times 10^0+3 \times 10^{-1}+4 \times 10^{-2}$$

为了便于区分，十进制数用下标10或在数字尾部加D表示，如（23）$_{10}$或23D。

2. 二进制

二进制（binary）的计数规则如下：

①有2个不同的数码：0、1。

②逢二进一，借一当二。

二进制数的运算规则基本与十进制数相同，四则运算规则如下：

①加法运算：0+0=0，0+1=1，1+0=1，1+1=10（有进位）。

②减法运算：0-0=0，1-0=1，1-1=0，0-1=1（有借位）。

③乘法运算：$0 \times 0=0$，$1 \times 0=0$，$0 \times 1=0$，$1 \times 1=1$。

④除法运算：$0 \div 1=0$，$1 \div 1=1$（除数不能为0）。

二进制数中各数字符号的权为2的整数次幂，如2^3，2^2，2^1，2^0，2^{-1}，2^{-2}……

如二进制数1011.0101按位权展开，可以写成：

$$1011.0101=1 \times 2^3+1 \times 2^1+1 \times 2^0+1 \times 2^{-2}+1 \times 2^{-4}$$

二进制数用下标2或在数字尾部加B表示，如（1011）$_2$或1011B。

3. 八进制

八进制（octal）的计数规则如下：

①有8个不同的数码：0、1、2、3、4、5、6、7。

②逢八进一，借一当八。

八进制数316.74可以写成如下的多项式形式：

$$316.74=3 \times 8^2+1 \times 8^1+6 \times 8^0+7 \times 8^{-1}+4 \times 8^{-2}$$

4. 十六进制

十六进制（hexadecimal）的计数规则如下：

①有16个不同的数码：0、1、2、3、4、5、6、7、8、9、A、B、C、D、E、F。

②逢16进1，借1当16。

其中，数码A、B、C、D、E、F代表的数值分别对应十进制数的10、11、12、13、14、15。

十六进制数4D.25可以写成如下的多项式形式：

$$4D.25 = 4 \times 16^1 + 13 \times 16^0 + 2 \times 16^{-1} + 5 \times 16^{-2}$$

1.3.2 不同数制之间的转换

1. 二进制数转换为十进制数

将二进制数写成按权展开式后，其积相加，和数就是对应的十进制数。

【例1-1】将（1101.101）$_2$按位权展开转换成十进制数。

$$
\begin{aligned}
（1101.101）_2 &= （2^3 + 2^2 + 2^0 + 2^{-1} + 2^{-3}）_{10} \\
&= （8 + 4 + 1 + 0.5 + 0.125）_{10} \\
&= （13.625）_{10}
\end{aligned}
$$

2. 十进制数转换为二进制数

把一个十进制数转换为二进制数时，其整数部分与小数部分需要分别进行转换，然后将两部分相加合并，即可得到转换结果。对于一个十进制的整数或纯小数而言，只需转换成整数或小数。

①整数部分的转换：采用除以2取余法。就是将十进制数的整数部分反复除以2，如果相除之后余数为1，则对应二进制数的位为1；如果余数为0，则相应位为0。逐次相除，直到商小于2为止。转换为整数时，第一次相除得到的余数是二进制数的低位（第K_0位），最后一次相除得到的余数是二进制数的高位（第K_n位）。

②小数部分的转换：采用乘2取整法。就是将十进制数的小数部分反复乘2；每次乘2后，所得积的整数部分为1，相应二进制数为1，然后减去整数1，余数部分继续乘2；如果积的整数部分为0，则相应二进制数为0，余数部分继续乘2；直到乘2后的小数部分为0为止，如果乘积的小数部分一直不为0，则可以根据精度的要求截取一定的位数。

【例1-2】将十进制数18.8125转换为二进制数。

整数部分"除以2取余"，余数作为二进制数，从低到高排列，计算如下：

18÷2=9余0，9÷2=4余1，4÷2=2余0，2÷2=1余0，1小于2不再除余1；18=(10010)$_2$。

小数部分乘2取整，积的整数部分作为二进制数，从高到低排列，计算如下：

0.8125×2=1.625，0.625×2=1.25，0.25×2=0.5，0.50×2=1.0；0.8125=(0.1101)$_2$。

转换结果为(18.8125)$_{10}$=(10010.1101)$_2$。

3. 二进制数转换为十六进制数

对于二进制整数，只要自右向左将每4位二进制数分为一组，不足4位时，在左面添0，补足4位，每组对应一位十六进制数；对于二进制小数，只要自左向右将每4位二进制数分为一组，不足4位时，在右面添0，补足4位，然后每4位二进制数对应1位十六进制数，即可得到十六进制数。

【例1-3】二进制数1011101转换为十六进制数为（　　　）。

A. BA   B. 5D   C. 5C   D. DA

答案：B。

在转换过程中，当二进制整数部分不够4位时，可在整数前面加0补齐；当二进制小数部分不够4位时，可在小数后面加0补齐。

4．十六进制数与二进制数之间的转换

将十六进制数转换成二进制数非常简单，只要以小数点为界，向左或向右每1位十六进制数用相应的4位二进制数表示，然后将其连在一起即可完成转换。

【例1-4】十六进制数5C转换为二进制数为_____。

答案：1011100。

各进制数的关系见表1-2。

表 1-2　各进制数的关系

二进制数	八进制数	十六进制数	十进制数
0000	0	0	0
0001	1	1	1
0010	2	2	2
0011	3	3	3
0100	4	4	4
0101	5	5	5
0110	6	6	6
0111	7	7	7
1000	10	8	8
1001	11	9	9
1010	12	A	10
1011	13	B	11
1100	14	C	12
1101	15	D	13
1110	16	E	14
1111	17	F	15

1.3.3　二进制数的算术运算

二进制数的算术运算与十进制数算术运算类似，其不同之处在于加法的"逢二进一"规则和减法的"借一为二"规则。表1-3所示为二进制数加、减、乘、除的运算法则，表中只考虑1位数运算结果，忽略了进位。

表 1-3　二进制数加、减、乘、除的运算法则

+			−			×			÷		
加数1	加数2		被减数	减数		乘数1	乘数2		被除数	除数	
	0	1		0	1		0	1		0	1
0	0	1	0	0	−1	0	0	0	0	出错	0
1	1	0	1	1	0	1	0	1	1	出错	1

1.3.4　数据的存储单位

计算机的数据存储单位有两种：位与字节。

位（bit）：计算机中最小的存储单位，用来存放1位二进制数（0或1）。

字节（byte，B）：8个二进制位组成1个字节。字节在计算机中作为存储、传输（并行传输时）和计算的计量单位。

在实际应用中，字节单位太小，为了方便计算，引入了KB、MB、GB、TB 等，它们之间的关系为 1 KB=2^{10} B=1 024 B，1 MB=2^{10} KB，1 GB=2^{10} MB，1 TB=2^{10} GB，1 PB=2^{10} TB，1 EB=2^{10} PB。

1.3.5　数据编码

数据编码是计算机处理的关键。即不同的信息记录应当采用不同的编码，一个码点可以代表一条信息记录。由于计算机要处理的数据信息十分庞杂，有些数据库所代表的含义又难以记忆。为了便于使用，容易记忆，常常要对加工处理的对象进行编码，用一个编码符号代表一条信息或一串数据。对数据进行编码，在计算机的管理中非常重要，可以方便地进行信息分类、校核、合计、检索等操作。人们可以利用编码来识别每一个记录，区别处理方法，进行分类和校核，从而克服项目参差不齐的缺点，节省存储空间，提高处理速度。

二进制数字信息在传输过程中可以采用不同的编码，各种编码的抗噪声特性和定时能力各不相同，实现费用也不一样。几种常用的编码方案：单极性码、极性码、双极性码、归零码、双相码、不归零码、曼彻斯特编码、差分曼彻斯特编码、多电平编码、4B/5B编码。

‖ 1.4　计算理论

作为计算机科学的理论基础的计算理论已经广泛应用于科学的各个领域，程序存储式计算模型就是以图灵机为基础产生的，程序设计中则使用了递归函数的思想。自动机作为一种基本工具被广泛地应用在程序设计的编译过程中。随着科技的发展，计算理论会更多的应用于其他领域。

1.4.1　计算模型

所谓计算模型，是刻画计算这一概念的一种抽象形式系统或数学系统，而算法是对计算过程步骤（或状态）的一种刻画，是计算方法的一种实现方式。由于观察计算的角度不同，产生了各种不同的计算模型，比如递归函数、图灵机、Lambda 函数等。

1.4.2　可计算性

可计算性理论是研究计算的一般性质的数学理论。它的中心课题是将算法这一直观概念精确化，建立计算的数学模型，研究哪些是可计算的，哪些是不可计算的。由于计算与算法联系在一起，因此，可计算性理论又称算法理论。

1.4.3　计算机求解问题的过程

计算是依据一定的法则对有关符号串的变换过程。抽象地说，计算的本质就是递归。问题求解：虽然某一问题可能找到不同的算法或方法，但是否可以计算取决于算法的存在性和计算的复杂性，也就是说，取决于是否存在可求解的算法。计算理论过程如图1-6所示。

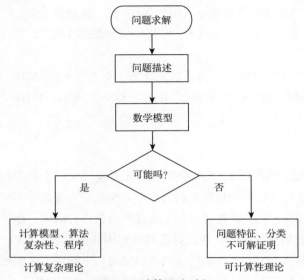

图1-6　计算理论过程

▌1.5　计算思维

在人类科技进步的大潮中，逐渐形成了科学思维。科学思维是指人类在科学活动中形成的，以产生结论为目的的思维模式，具备两个特质，即产生结论的方式方法和验证结论准确性的标准。可以分为以下三类思维模式：一是以推理和逻辑演绎为手段的理论思维；二是以实验—观察—归纳总结的方法得出结论的实验思维；三是以设计和系统构造为手段的计算思维。随着科技的飞速发展，传统的理论思维和实验思维已经难以满足人们进行科学研究和解决问题的需要，在这种情况下，计算思维的作用就十分重要。

1.5.1　计算思维的本质

2006年3月，美国卡内基梅隆大学计算机科学系主任周以真（Jeannette M. Wing）教授提出计算思维（computational thinking）是运用计算机科学的基础概念进行问题求解、系统设计，以及人类行为理解等涵盖计算机科学之广度的一系列思维活动的统称。如同所有人都具备"读、写、算"能力一样，计算思维也是必须具备的能力。计算思维建立在计算过程的能力和限制之上，由人控制机器执行。其目的是使用计算机科学方法求解问题、设计系统、理解人类行为。

理解一些计算思维，包括理解计算机的思维，即理解"计算系统是如何工作的，计算系统的功能是如何越来越强大的"，以及利用计算机的思维，即理解现实世界的各种事物如何利用计算系统来进行控制和处理等，培养一些计算思维模式。对于所有学科的人员，建立复合型的知识结构，进行各种新型计算手段研究，以及基于新型计算手段的学科创新都有重要的意义。技术与知识是创新的支撑，思维是创新的源头。

由计算思维的概念可以引申出以下计算思维方法的例子：

①计算思维是通过约简、嵌入、转化和仿真等方法，把一个看来困难的问题重新阐释成一个人们知道问题怎样解决的方法。

②计算思维是一种递归思维，是一种并行处理，既能把代码译成数据，又能把数据译成代码，是一种多维分析推广的类型检查方法。

③计算思维是一种采用抽象和分解来控制庞杂的任务或进行巨大复杂系统设计的方法，是基于关注分离的方法（SoC方法）。

④计算思维是一种选择合适的方式去陈述一个问题，或对一个问题的相关方面建模使其易于处理的思维方法。

⑤计算思维是按照预防、保护及通过冗余、容错、纠错的方式，并从最坏情况进行系统恢复的一种思维方法。

⑥计算思维是利用启发式推理寻求解答，即在不确定情况下规划、学习和调度的思维方法。

⑦计算思维是利用海量数据来加快计算，在时间和空间之间，在处理能力和存储容量之间进行折中的思维方法。

计算思维的本质是抽象和自动化。计算思维的本质反映了计算的根本问题，即什么能被有效地自动执行。计算是抽象的自动进行，自动化需要某种计算机去解释现象。从操作层面上讲，计算就是如何寻找一台计算机去解决求解问题，选择合适的抽象，选择合适的计算机去解释执行抽象，后续就是自动化。计算思维中的抽象完全超越物理的时空观，并完全用符号来表示，其中，数字抽象只是一类特例。自动化就是机械地、一步一步地执行，其基础和前提是抽象，如哥尼斯堡七桥问题。

1.5.2　计算思维的特征

计算思维具有以下特性：

①计算思维是概念化，不是程序化。计算机科学不是计算机编程，像计算机科学家那样去思维意味着远远不止能为计算机编程。它要求能够在抽象的多个层次上进行思维。

②计算思维是基础的，不是机械的技能。基础的技能是每一个人为了在现代社会中发挥职能所必须掌握的。生搬硬套的机械技能意味着机械地重复。只有当计算机科学解决了人工智能的宏伟挑战——使计算机像人类一样思考之后，思维才真的变成机械的了。

③计算思维是人的思维，不是计算机的思维。计算思维是人类求解问题的一条途径，但并非试图使人类像计算机那样思考。计算机枯燥且沉闷；人类聪颖且富有想象力，赋予计算机以激情。配置了计算设备，就能用自己的智慧去解决那些计算时代之前不敢尝试的问题，实现"只有想不到，没有做不到"的境界。

④计算思维是数学和工程思维的互补与融合。计算机科学在本质上源自数学思维，因为像所有的科学一样，它的形式化解析基础筑于数学之上。计算机科学又从本质上源自工程思维，因为人们建造的是能够与实际世界互动的系统。基本计算设备的限制迫使计算机学家必须计算性地思考，不能只是数学性地思考。构建自由的虚拟世界使人们能够超越物理世界去打造各种系统。

⑤计算思维是思想，不是人造品。不只是所生产的软件硬件、人造品以物理形式到处呈现并时时刻刻触及人们的生活，更重要的是人们用以接近和求解问题、管理日常生活、与他人交

流和互动的计算性概念。

⑥计算思维是面向所有的人、所有的地方。当计算思维真正融入人类活动的整体以至不再是一种显式的哲学时，它就将成为现实。

计算思维的实现就是设计、构造与计算，通过设计组合简单的、已实现的动作而形成程序，由简单功能的程序构造出复杂功能的程序，尽管复杂，但计算机可以执行。

计算思维反映了计算机学科最本质的特征和方法，推动了计算机领域的研究发展。计算机学科研究必须建立在计算思维的基础上。进入21世纪以来，以计算机科学技术为核心的计算机科学发展异常迅猛，计算思维的意义和作用提到了前所未有的高度，成为现代人类必须具备的一种基本素质。计算思维代表着一种普适的态度和一种普适的技能，在各种领域都有很重要的应用，尤其是大数据计算领域的研究。

1.5.3　计算思维与各学科的关系

计算思维代表着一种普遍的认识和一类普适思维，属于每个人的基本技能，不仅仅属于计算机科学家。其主要应用领域有计算生物学、脑科学、计算化学、计算经济学、机器学习、数学和其他的很多工程领域等。计算思维不仅渗透每一个人的生活里，而且影响了其他学科的发展、创造，并形成了一系列新的学科分支。

例如，"计算机+体育赛事"的应用与发展中，使用计算机仿真系统、手机和各类数据，并开展细致有效的数据分析，为后续开展体育活动提供支持。以往赛事的裁判是由人工完成的，存在着较多的误差，无法充分保证比赛项目的公平性。计算机技术的科学有效应用，可以完成赛前检测工作，确定科学性的比赛评判标准，将人为因素减少，运动员可以安心地参与到比赛活动之中，不会受到外在因素的负面影响，切实有效提升运动员竞技的公平性。此外，"计算机+体育赛事"在日常训练中的应用还可以提升参赛选手在体育竞技中的水平和成绩。

计算思维的优势最典型的体现莫过于"四色问题"的解决：四色问题是公认的数学难题，经历几个世纪，经历数百位数学家的努力，仍无进展。而在美国伊利诺伊大学哈肯与阿佩尔利用计算机程序对这极其复杂的问题进行了计算分析，凭借计算机准确高效的运行证明了四色问题。

▎习题

一、填空题

1. 第一台电子计算机诞生于_____年，_____大学研制出了第一台电子计算机，名字是_____。

2. 电子计算机的发展过程。根据电子计算机所采用的主要电子器件，把计算机的发展史分为四个阶段，又称计算机发展的四代。

第一代：_____计算机；

第二代：_____计算机；

第三代：_____计算机；

第四代：_____计算机。

3. 计算机中的信息表示。计算机内部，所有的信息都是采用_____编码。在二进制中只有_____和_____两个基本符号。

4. 进制的转换。计算并写出结果：

$(10)_2 = ($ $)_{10}$。

$(108)_{10} = ($ $)_2$。

$(1063)_{10} = ($ $)_8$。

$(3560)_8 = ($ $)_{16}$。

5. 2006年3月，美国卡内基梅隆大学计算机科学系主任_____教授提出计算思维。

6. 计算机会朝着微型化、巨型化、_____和智能化四个方向发展。

二、选择题

1. 一个完整的计算机系统包括（   ）。

    A. 主机、键盘、显示器　　　　　　　B. 计算机及外围设备

    C. 系统软件和应用软件　　　　　　　D. 计算机的硬件系统和软件系统

2. 在微型计算机中，微处理器的主要功能是进行（   ）。

    A. 算术逻辑运算及全机的控制　　　　B. 逻辑运算

    C. 算术逻辑运算　　　　　　　　　　D. 算术运算

3. 在计算机中，bit的中文含义是（   ）。

    A. 二进制位　　　B. 字节　　　　　　C. 字　　　　　　D. 双字

4. 断电后会使原存信息丢失的存储器是（   ）。

    A. RAM　　　　　B. 硬盘　　　　　　C. ROM　　　　　D. 软盘

5. 计算机软件可分为（   ）两大类。

    A. 操作系统和数据库　　　　　　　　B. 数据库和应用程序

    C. 操作系统和语言处理程序　　　　　D. 系统软件和应用软件

6. 最接近计算机硬件的软件是（   ）。

    A. 操作系统　　　B. 编辑软件　　　　C. 游戏软件　　　D. 管理软件

7. 计算机唯一能够直接识别和处理的语言是（   ）。

    A. 甚高级语言　　B. 高级语言　　　　C. 汇编语言　　　D. 机器语言

第 2 章

操作系统

本章要点：

- 操作系统的基本概念。
- 操作系统的原理。
- Windows 操作系统的使用。

操作系统是用户和计算机之间的接口，同时也是计算机硬件和其他软件的接口。操作系统的功能包括管理计算机系统的硬件、软件及数据资源，控制程序运行，改善人机界面，为其他应用软件提供支持。本章主要介绍操作系统的基础知识及常用操作，帮助初学者理解常用的操作系统功能。

‖ 2.1　操作系统的基本概念

操作系统（operating system，OS）是控制和管理计算机硬件资源和软件资源，并为用户提供交互操作界面的程序集合。操作系统在整个计算机系统中具有极其重要的特殊地位，是用户和计算机的接口，同时也是计算机硬件和其他软件的接口。

2.1.1　操作系统的功能

操作系统是直接运行在"裸机"上的最基本的系统软件，任何其他软件都必须在操作系统的支持下才能运行。操作系统负责管理计算机系统的硬件、软件及数据资源，控制程序运行，使计算机系统各类资源最大限度地发挥作用。

操作系统的作用总体上包括以下几方面：

1. 隐藏硬件

为用户和计算机之间的"交流"提供统一的界面。由于直接对计算机硬件进行操作非常困难和复杂，当计算机配置了操作系统之后，用户可利用操作系统所提供的命令和服务去使用计算机。从用户的角度看，需要计算机具有友好、易操作的使用平台，使用户不必考虑不同硬件系统可能存在的差异。

2. 管理系统资源

从资源管理角度看，操作系统是管理计算机系统资源的软件。计算机系统资源包括硬件资源（CPU、存储器、输入/输出设备等）和软件资源（文件、程序、数据等）。操作系统负责控制和管理计算机系统中的全部资源，确保这些资源能被高效合理地使用，确保系统能够有条不紊地运行。

根据操作系统所管理的资源的类型，操作系统具有进程管理、存储器管理、文件管理、设备管理和用户接口五大基本功能。

①进程管理：又称处理器管理，负责CPU的运行和分配。

②存储器管理：负责主存储器的分配、回收、保护与扩充。

③文件管理：负责文件存储空间和文件信息的管理，为文件访问和文件保护提供更有效的方法及手段。

④设备管理：负责输入/输出设备的分配、回收与控制。

⑤用户接口：用户操作计算机的界面称为用户接口，用户通过命令接口或程序接口实现各种复杂的应用处理。

2.1.2 操作系统的分类

经过多年的迅速发展，操作系统种类繁多，功能也不断增强，已经能够适应不同的应用和各种不同的硬件配置，很难用单一标准统一分类。但无论是哪一种操作系统，其主要目的都是实现在不同环境下，为不同应用提供不同形式和不同效率的资源管理，以满足不同用户的操作需要。操作系统有以下分类方法：

根据应用领域划分，可分为桌面操作系统、服务器操作系统、主机操作系统和嵌入式操作系统等。

根据系统功能划分，可分为三种基本类型：批处理操作系统、分时系统、实时系统。

随着计算机体系结构的发展，又出现了许多种操作系统，如个人计算机操作系统、网络操作系统和智能手机操作系统。除此之外，还可以从源代码开放程度、使用环境、技术复杂程度等多种不同角度进行分类。下面简要介绍几种操作系统。

1. 批处理操作系统

批处理操作系统（batch processing operating system，BPOS）是一种早期用在大型计算机上的操作系统，用于处理许多商业和科学应用。批处理操作系统是指在内存中存放多道程序，某个程序因为某种原因（例如执行I/O操作时）不能继续运行而放弃CPU时，操作系统便调度另一程序运行。这样可以使CPU尽量忙碌，提高系统效率。

批处理操作系统需要用户事先把作业准备好，该作业包括程序、数据和一些有关作业性质的控制信息，提交给计算机操作员。计算机操作员将许多用户的作业组成一批作业，输入到计算机中，在系统中形成一个自动转接的、连续的作业流，系统自动、依次执行每个作业，最后由计算机操作员将作业结果交给用户。

批处理操作系统的特点：内存中同时存放多道程序，在宏观上多道程序同时向前推进，由于CPU只有一个，在某一时间点只能有一个程序占用CPU，因此在微观上是串行的。目前，批处理操作系统已经不多见。

2. 分时操作系统

分时操作系统（time sharing operating system，TSOS）允许多个终端用户同时共享一台计算机资源，彼此独立互不干扰。分时操作系统的工作方式是：一台高性能主机连接若干个终端，每个终端有一个用户在使用，终端机可以没有CPU与内存。用户交互式地向系统提出命令请求，系统接收每个用户的命令，采用时间片轮转方式处理服务请求，并通过交互方式在终端上向用户显示结果。

为使一个CPU为多道程序服务，分时操作系统将CPU划分成若干个很小的片段（如50 ms），称为时间片。操作系统以时间片为单位，采用循环轮作方式将这些CPU时间片分配给排列队列中等待处理的每个程序。分时操作系统的主要特点是允许多个用户同时运行多个程序，每个程序都是独立操作、独立运行、互不干涉，具有多路性、交互性、独占性和及时性等特点。

多路性是指多个联机用户可以同时使用一台计算机，宏观上看是多个用户同时使用一个CPU，微观上看是多个用户在不同时刻轮流使用CPU。交互性是指多个用户或程序都可以通过交互方式进行操作。独占性是指由于分时操作系统是采用时间片轮转方法为每个终端用户作业服务，用户彼此之间都感觉不到计算机为其他人服务，就像整个系统为他所独占。及时性是指系统对用户提出的请求及时响应。

现代通用操作系统是分时操作系统与批处理操作系统的结合。其原则是：分时优先，批处理在后，典型的分时操作系统有UNIX和Linux。

3. 实时操作系统

实时操作系统（real time operating system，RTOS）是指使计算机能及时响应外部事件的请求，在严格规定的时间内完成对该事件的处理，并控制所有实时设备和实时任务协调一致工作的操作系统。实时操作系统的主要特点是资源的分配和调度首先要考虑实时性，然后才是效率。当对处理器或数据流动有严格时间要求时，就需要使用实时操作系统。

实时操作系统有明确的时间约束，处理必须在确定的时间约束内完成，否则系统会失败，通常用在工业过程控制和信息实时处理中。例如，控制飞行器、导弹发射、数控机床、飞机票（火车票）预订等。实时操作系统除具有分时操作系统的多路性、交互性、独占性和及时性等特性之外，还必须具有可靠性。在实时操作系统中，一般都要采取多级容错技术和措施用以保证系统的安全性和可靠性。

4. 个人计算机操作系统

个人计算机操作系统是随着微型计算机的发展而产生的，用来对一台计算机的软件资源和硬件资源进行管理的单用户、多任务操作系统，其主要特点是计算机在某个时间内为单个用户服务；采用图形用户界面，界面友好，使用方便，用户无须专门学习，也能熟练操作机器。个人计算机操作系统的最终目标不再是最大化CPU和外围设备的利用率，而是最大化用户方便性和响应速度。

个人计算机操作系统主要供个人使用，功能强、价格便宜，几乎可以在任何地方安装使用。它能满足一般人操作、学习、游戏等方面的需求。典型的个人计算机操作系统是Windows。

5. 分布式操作系统

分布式操作系统（distributed operating system，DOS）是通过网络将大量的计算机连接在一起，以获取极高的运算能力、广泛的数据共享，以及实现分散资源管理等功能为目的的操作系统。分布式操作系统主要具有共享性、可靠性、加速计算等优点。

①共享性。实现分散资源的深度共享，如分布式数据库的信息处理、远程站点文件的打印等。

②可靠性。由于在整个系统中有多个CPU系统，因此当一个CPU系统发生故障时，整个系统仍旧能够继续工作。

③加速计算。可以将一个特定的大型计算分解成能够并发运行的子运算，并且分布式操作系统允许将这些子运算分布到不同的站点。这些子运算可以并发地运行，加快了计算速度。

6. 嵌入式操作系统

嵌入式操作系统（embedded operating system，EOS）用于嵌入式系统环境中，对各种装置等资源进行统一调度、指挥和控制。由于嵌入式系统一般应用于小型电子装置，系统资源相对有限，所以内核较传统的操作系统要小得多。嵌入式操作系统具有如下特点：

①专用性强。嵌入式操作系统的个性化很强，其中的软件系统和硬件的结合非常紧密，一般要针对硬件进行系统的移植，即使在同一品牌、同一系列的产品中也需要根据系统硬件的变化和增减不断进行修改。

②高实时性。高实时性是嵌入式软件的基本要求，而且软件要求固态存储，以提高速度；软件代码要求高质量和高可靠性。

③系统精简。嵌入式操作系统一般没有系统软件和应用软件的明显区分，不要求其功能设计及实现上过于复杂，这样一方面利于控制系统成本，同时也利于实现系统安全。

嵌入式操作系统广泛应用在生活和工作的各个方面，涵盖范围从便携设备到大型固定设施，如数字照相机、手机、平板计算机、家用电器、医疗设备、交通灯、航空电子设备和工厂控制设备等，越来越多嵌入式操作系统安装有实时操作系统。

小知识 · 你知道国产的操作系统都有哪些吗？

1999 年中国第一款基于 Linux/Fedora 的国产操作系统 XteamLinux 1.0 发布，开启操作系统国产化之路。其他还有红旗 RedFlag、深度 Deepin、优麒麟 Ubuntu Kylin、中标麒麟 NeoKylin、银河麒麟 Kylin、中科方德、普华、新支点等。

国产操作系统介绍

▌ 2.2 操作系统的原理

操作系统是配置在计算机硬件上的第一层软件，是对硬件系统的首次扩充。它在计算机系统中占据了特别重要的地位，而其他的诸如编译程序、数据库管理系统等软件，以及大量的应用软件，都依赖于操作系统的支持。操作系统已成为现代计算机必须配置的系统软件。

2.2.1 进程管理

进程管理的主要任务是对CPU资源进行分配，并对进程进行有效的控制和管理。每个进程都是由程序段、数据段以及一个PCB（程序控制块）三部分组成的。系统创建一个进程，就是系统为某个程序设置一个PCB。PCB中包含了进程的描述信息和控制信息，用于对该进程进行控制和管理。进程任务完成后，由系统收回PCB，该进程便消亡。

2.2.2 存储管理

存储管理主要管理内存资源。随着存储芯片的集成度不断地提高、价格不断地下降，一般而言，内存整体的价格已经不再昂贵了。不过受CPU寻址能力以及物理安装空间的限制，单台机器的内存容量也还是有一定限度的。当多个程序共享有限的内存资源时，会有一些问题需要解决，比如，如何为它们分配内存空间，使用户存放在内存中的程序和数据彼此隔离、互不侵扰，又能保证在特定条件下的共享等问题，都是存储管理的范围。当内存不够用时，存储管理必须解决内存的扩充问题，即将内存和外存结合起来管理，为用户提供一个容量比实际内存大得多的虚拟存储器。操作系统的这一部分功能与硬件存储器的组织结构密切相关。

2.2.3 设备管理

操作系统向用户提供设备管理服务。设备管理是指对计算机系统中所有输入/输出设备（外围设备）的管理。设备管理不仅涵盖了进行实际I/O操作的设备，还涵盖了诸如设备控制器、通道等输入/输出支持设备。

2.2.4 文件管理

文件是具有文件名的一组相关信息的集合。在计算机系统中，所有的程序和数据都是以文件的形式存放在计算机的外部存储器（如硬盘、U盘等）中。例如，一个C源程序、一个Word文档、一张图片、一段视频、各种程序等都是文件。

在操作系统中，负责管理和存取文件的部分称为文件系统。在文件系统的管理下，用户可以按照文件名查找文件和访问文件（打开、执行、删除等）而不必考虑文件如何保存（在Windows系统中，大于4 KB的文件必须分块存储），硬盘中哪个物理位置有空间可以存放文件，文件目录如何建立，文件如何调入内存等。文件系统为用户提供了一个简单、统一的访问文件的方法。

1. 文件名

在计算机中，任何一个文件都有文件名，文件名是文件存取和执行的依据。在大部分情况下，文件名分为文件主名和扩展名两个部分。

文件名由程序设计员或用户自己命名。文件主名一般用有意义的英文或中文词汇或数字命名，以便识别。例如，Windows中的Internet浏览器的文件名为iexplore.exe。

不同操作系统对文件名的命名规则有所不同。例如，Windows操作系统不区分文件名的大小写，所有文件名的字符在操作系统执行时，都会转换为大写字符，如test.txt、TEST.TXT、Test.TxT，在Windows操作系统中都视为同一个文件；而有些操作系统是区分文件名大小写的，如在Linux操作系统中，test.txt、TEST.TXT、Test.TxT被认为是三个不同的文件。在命名时建议见名知义，也就是看到文件名字，能想到里面保存的文件的基本内容等信息。以下九个字符不可以出现在文件命名中：\ /:*? "<>|。

2. 文件类型

在绝大多数操作系统中，文件的扩展名表示文件的类型。不同类型的文件，处理方法是不同的。用户不能随意更改文件扩展名，否则将导致文件不能执行或打开。在不同操作系统中，表示文件类型的扩展名并不相同。在 Windows 操作系统中，虽然允许文件扩展名为多个英文字符，但是大部分文件扩展名习惯采用三个英文字符。

Windows 操作系统中常见的文件扩展名的类型及表示的意义见表 2-1。

表 2-1　Windows 操作系统中常见的文件扩展名的类型及表示的意义

文件类型	扩展名	说　明
可执行程序	EXE、COM	可在操作系统下独立执行的程序文件
文本文件	TXT	通用性极强，它往往作为各种文件格式转换的中间格式
源程序文件	C、BAS、ASM	程序设计语言的源程序文件
Office 文件	DOC、DOCX、PPTX、XLSX	MS Office 中 Word、PowerPoint、Excel 创建的文档
图像文件	JPG、GIF、BMP	图像文件。不同的扩展名表示不同格式的图像文件
视频文件	AVI、MP4、RMVB	通过视频播放软件播放，视频文件格式极不统一
压缩文件	RAR、ZIP	通过特殊的编码方式进行数据压缩的文件
音频文件	WAV、MP3、MID	不同的扩展名表示不同格式的音频文件
网页文件	HTM、HTML、MHT	静态网页文件

3. 文件属性

文件除了文件名外，还有文件大小、占用存储空间、建立时间、存放位置等信息，这些信息称为文件属性。

4. 文件操作

文件中存储的内容可能是数据，也可能是程序代码。不同格式的文件通常都会有不同的应用和操作。文件的常用操作有：建立文件（需要专门的应用软件，如建立一个电子表格文档需要 Excel 软件），打开文件（需要专用的应用软件，如打开图片文件需要 ACDSee 等看图软件），编辑文件（在文件中写入内容或修改内容称为文件"编辑"，这需要专用的应用软件，如修改网页文件需要 Dreamweaver 等软件），删除文件（可在操作系统下实现），更改文件名称（可在操作系统下实现）等。

5. 目录管理

计算机中的文件有成千上万个，如果把所有文件存放在一起会有许多不便。为了有效地管理和使用文件，大多数文件系统允许用户在根目录下建立子目录（又称文件夹），在子目录下再建立子目录。如图 2-1 所示，可以将目录建成树状结构，然后用户将文件分门别类地存放在不同的目录中。这种目录结构像一棵倒置的树，树根为根目录，树中每一个分支为子目录，树叶为文件。在树状结构中，用户可以将相同类型的文件放在同一个子目录中；同名文件可以存放在不同的目录中。

用户可以自由建立不同的子目录，也可以对目录进行移动、删除、修改目录名称等操作。操作系统和应用软件在安装时，也会建立一些子目录，如 Windows、Documents and

图 2-1　树状结构目录

Settings、Office 2016等。这些目录用户不能进行移动、删除、修改目录名称等操作；否则，将导致系统或应用软件不能正常使用。

6. 文件路径

文件路径是文件在存取时，需要经过的子目录名称。目录结构建立后，所有文件分门别类地存放在所属目录中，计算机在访问这些文件时，依据要访问文件的不同路径，进行文件查找。

文件路径有绝对路径和相对路径。绝对路径是指从根目录开始，依序到该文件之前的目录名称；相对路径是从当前目录开始，到某个文件之前的目录名称。

7. 文件查找

在Windows 10中查找文件或文件夹非常方便，可单击"任务栏"中的"搜索"栏，输入需要查找文件的部分文件名即可，如图2-2所示。

图 2-2　任务栏上的"搜索"窗口

▌ 2.3　Windows 操作系统的使用

我们日常工作、学习使用较多的操作系统是Windows系列。Windows操作系统采用图形化界面，使用起来更人性化。下面将以Windows 10为例，介绍其具体的使用方法。

2.3.1　Windows 的基本操作

1. Windows 系统桌面

在计算机图形用户界面中，操作系统启动后显示的初始图形用户界面称为桌面。一个典型的桌面环境提供了快捷图标、窗口、任务栏、文件夹、壁纸等。桌面环境在设计和功能上的特性，赋予了它与众不同的外观和感觉。Windows 10的桌面环境如图2-3所示。

图 2-3　Windows 10 的桌面环境

Windows操作系统对桌面图标和大部分应用程序提供了Tool Tips功能，即鼠标一旦指向桌面的某个图标并稍停留时，都会弹出一个"文本泡"，告知用户该图标的名称、存储位置、文件大小等参数；当鼠标指向应用程序的某个图标或工具按钮时，"文本泡"会显示该按钮的名称，同时在屏幕底端的状态栏给出有关该按钮的功能简介或操作提示。这种图文结合的界面胜过单独的图形界面或单独的文本界面，并充分显示了Windows操作系统的易用性。

2. 图标

根据Windows操作系统安装方式的不同，桌面上出现的图标也会有所不同。常见的有"此电脑""回收站"等图标；此外，用户可以根据自己的需要创建若干快捷图标。

3. "开始"菜单

"开始"菜单位于屏幕左下角，Windows 10具有开始屏幕功能。在Windows 10操作系统中，"开始"菜单没有文字标注，但是光标移到"开始"按钮时，"文本泡"会显示"开始"文字。"开始"菜单包含了计算机安装的绝大部分应用程序和操作系统提供的一些系统设置方法。例如，在"开始"菜单包含了各种Windows系统自带的应用程序，以及用户自行安装的程序。在"开始"菜单"设置"窗口中，可以对系统、设备、网络、个性化、账号、时间和语言、轻松使用等系统功能进行参数设置；在"开始"菜单"电源"菜单中，可以进行系统更新并关机/重启。

4. 任务栏

任务栏一般位于Windows桌面的底部，它由"开始"按钮、快速启动栏、任务按钮区、语言栏和通知区域等部分组成。

2.3.2　Windows操作系统的文件及任务管理

在现代计算机系统中，要用到大量的程序和数据，因内存容量有限，且不能长期保存，所以把它们以文件的形式存放在外存中，需要时再随时将它们调入内存。因此在操作系统中又增加了文件管理功能，负责管理在外存上的文件，并把对文件的存取、共享和保护等手段提供给用户。这不仅方便了用户，保证了文件的安全性，还有效地提高了系统资源的利用率。

1. 文件管理基本功能

文件管理系统，简称文件系统。在操作系统中，是通过文件系统来组织和管理在计算机中存储的大量程序和数据。文件管理五大功能（用户角度 + 系统角度）：

①文件存储空间管理（即外存管理）、分配与回收。

②文件目录管理。

③实现逻辑文件到物理文件的转换和映射。

④实现对文件的各种控制操作和存取操作。

⑤实现文件信息的共享，以及文件保密和保护措施。

2. 文件系统中的一些概念

①文件：简单说，文件是指具有文件名的若干相关元素的集合。详细说，文件是具有符号名的、在逻辑上具有完整意义的一组相关信息项的集合，保存在外存上并具有长期保存性。

②文件系统的核心：是实现对文件的按名存取。

③文件的属性：文件类型、长度、建立时间、存取控制等。

④文件的访问单位：位、字节、数据项、记录等。

⑤数据项：是最低级的数据组织形式。分为两种：

a. 基本数据项。这是用于描述一个对象的某种属性的字符集，是数据组织中可以命名的最小逻辑数据单位，即原子数据，又称数据元素或字段。它的命名通常和其属性一致。例如，用于描述一个学生的基本数据项有学号、姓名、年龄、班级等。

b. 组合数据项。它是由若干个基本数据项组成的，简称组项。例如，工资是一个组项，它可由基本工资、绩效工资和补助组成。

基本数据项除了数据名外，还应有数据类型。因为基本数据项仅是描述某个对象的属性，根据属性的不同，需要用不同的数据类型来描述。

⑥记录：是一组相关数据项的集合，用于描述一个对象在某方面的属性。一个记录应包含哪些数据项，取决于需要描述对象的哪些方面。而一个对象由于其所处的环境不同，可把它作为不同的对象。

例如，一个10岁的青少年，把他作为一个学生时，对他的描述应使用学号、姓名、年龄、班级等数据项。但若把他作为一个医疗对象，对他描述的数据项应使用病例号、姓名、性别、身高、体重及病史等。

在诸多记录中，为了能唯一标识一个记录，必须在一个记录的各个数据项中，确定出一个或几个数据项（见图2-4），把它们的集合称为关键字（key）。或者说，关键字是唯一能标识一个记录的数据项。通常，只需用一个数据项作为关键字。

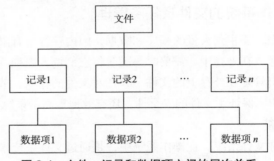

图2-4 文件、记录和数据项之间的层次关系

3. 文件类型

根据不同角度，可以将文件划分为不同类别。

（1）按性质和用途分

①系统文件：如内核，系统应用程序、数据；只允许用户执行，不能读写和修改。

②库文件：只允许读和执行。

③用户文件：由用户建立的文件，如源程序、目标程序和数据文件等。

（2）按信息的保存期限分

①临时文件：即有临时性信息的文件。用于系统在工作过程中产生的中间文件，一般有暂存的目录。正常工作情况下，工作完毕会自动删除，一旦有异常情况往往会残留不少临时文件。

②永久性文件：其信息需要长期保存的文件。指一般受系统管理的各种系统和用户文件，经过安装或编辑、编译生成的文件，存放在软盘、硬盘或光盘等外存上。

③档案文件：系统或一些实用工具软件包在工作过程中记录在案的文档资料文件，以便查阅历史档案。

（3）按文件中数据的形式分

①源文件：由源程序和数据构成的文件。通常由终端或输入设备输入的源程序和数据所形成的文件都属于源文件。

②目标文件：把源程序经过相应语言的编译程序编译过，但尚未经过链接程序链接的目标代码所构成的文件。它属于二进制文件。通常，目标文件所使用的扩展名是"obj"。

③可执行文件：把编译后所产生的目标代码经过链接程序链接后所形成的文件。

（4）按存取控制属性分

①只执行文件：只允许被核准的用户调用执行，既不允许读，更不允许写的文件。

②只读文件：只允许文件主及被核准的用户去读，但不允许写的文件。

③读写文件：允许文件主和被核准的用户去读或写的文件。

④无保护文件。

各个操作系统的保护方法和级别有所不同：DOS操作系统有系统、隐藏、可写三种保护；UNIX或Linux操作系统有九个级别的保护。

（5）按文件的逻辑结构分

①有结构文件（记录式文件）：由若干个记录所构成的文件，如大量的数据结构和数据库。

②无结构文件（流式文件）：直接由字符序列所构成的文件，文件长度为所含字符数。如大量的源程序、可执行程序、库函数。

（6）按文件的物理结构分

①顺序文件（连续文件）：文件中的记录，顺序地存储到连续的物理盘块中。顺序文件中所记录的次序，与它们存储在物理介质上存放的次序是一致的。

②链接文件：文件中的记录可存储在并不相邻的各个物理块中，通过物理块中的链接指针组成一个链表管理。

③索引文件：文件中的记录可存储在并不相邻的各个物理块中，记录和物理块之间通过索引表项按关键字存取文件，通过物理块中的索引表管理，形成一个完整的文件。

④Hash文件：通过散列函数实现存储的文件。

（7）按文件的内容形式和系统处理方式分

①普通文件：由ASCII码或二进制码组成的文件。一般用户建立的源文件、数据文件、目标文件及操作系统自身代码文件、库文件等都是普通文件，它们通常存储在外存储设备上。

②目录文件：由文件目录组成的，用来管理和实现文件系统功能的系统文件。通过目录文件可对其他文件的信息进行检索。目录文件由字符序列构成，可进行与普通文件一样的各种操作。

③特殊文件（设备文件）：特指系统中的各类I/O设备。为了便于统一管理，系统将所有的

I/O设备都视为文件，按文件方式提供给用户使用。

4．文件扩展名与文件属性

（1）常见类型的扩展名

用户对文件是"按名存取"的，如表2-1所示很多操作系统支持的文件名都由两部分构成：文件名和扩展名，二者间用圆点分开。

（2）常用图像文件类型

BMP格式：Bitmap（位图）是Windows操作系统中的标准图像文件格式，包含的图像信息较丰富，几乎不进行压缩。缺点是占用磁盘空间过大。

GIF格式：图形交换格式，压缩比高，占用磁盘空间较少，支持简单2D动画。

JPEG格式（扩展名为jpg或jpeg）：高度压缩，图像的颜色质量有所降低，设计师不会选用这种格式，但报业用户使用较多。

JPEG2000格式：与JPEG格式相比，它是具备更高压缩率以及更多新功能的新一代静态影像压缩技术。

TIFF格式：是一种比较灵活的图像格式，几乎受所有的绘画、图像编辑和页面版面应用程序的支持。特点是图像格式复杂、存储信息多，可以制作质量非常高的图像，因而经常用于出版印刷。

PSD格式：Photoshop的专用格式。在Photoshop所支持的各种图像格式中，PSD的存取速度比其他格式快很多，功能也很强大。

PNG格式：PNG是目前最不失真的格式，汲取了GIF和JPG二者的优点，存储形式丰富，能把图像文件压缩到极限，利于网络传输，又能保留与图像品质有关的信息。缺点是不支持动画应用效果。

SWF格式：Flash制作出一种扩展名为SWF（shock wave format）的动画，适合网络传输，放大不失真。

（3）常用声音文件类型

CD格式：天籁之音，近似无损的，基本上是忠于原声，文件格式＊.cda。

WAV格式：无损的音乐，由微软公司开发。WAV格式的声音文件质量和CD相差无几。

MP3格式：流行的风尚，诞生于德国，文件尺寸小，音质好。

MIDI格式：作曲家的最爱。

WMA格式：音质要强于MP3格式。

（4）常用视频文件类型

AVI格式：最清晰的、最常用的。

DV-AVI格式：摄像机采集常用。

MPEG格式：是运动图像压缩算法的国际标准，已推出多种压缩标准，常见的如MPEG-1、MPEG-2、MPEG-4等。

DivX格式：由MPEG-4衍生出的另一种视频编码（压缩）标准，即DVDrip格式。

RM格式：文件比较小，可以实现即时播放，但目前应用较少。

RMVB格式：比RM格式清晰一些，一部大小为700 MB左右的DVD影片，转录成同样视听品质的RMVB格式，最多400 MB左右，具有内置字幕和无须外挂插件支持。

5. 常见文件系统的类型

（1）FAT文件系统

FAT是file allocation table（文件分配表）的缩写。FAT32指的是文件分配表采用32位二进制数记录管理的磁盘文件管理方式。FAT文件系统限制使用8.3格式的文件命名规范，即在一个文件名中，句点之前部分的最大长度为8个字符，句点之后部分的最大长度为3个字符。最大只能支持32 GB分区，单个文件也只能支持最大4 GB。主要用于Windows 9X及以前版本。

（2）NTFS文件系统

NTFS是new technology file system（新技术文件系统）的缩写，它和FAT32文件系统在结构上几乎是完全不同的两种文件系统。NTFS是基于Windows NT的文件系统，是一个特别为网络和磁盘配额、文件加密等管理安全特性设计的磁盘格式，提供长文件名、数据保护和恢复，能通过目录和文件许可实现安全性，并支持跨越分区。NTFS允许长达255个字符的文件名，且彻底解决了存储容量限制，最大可支持16 EB，主要用于Windows NT/2000/XP以上系统。

NTFS的主要功能如下：

①具备错误预警的文件系统：如果MFT（master file table，主文件表）所在的磁盘扇区恰好出现损坏，NTFS文件系统会比较智能地将MFT换到硬盘的其他扇区，保证了文件系统的正常使用。

②文件读取速度更高效：在NTFS文件系统中，一切东西都是一种属性，就连文件内容也是一种属性。NTFS文件系统中的文件属性可以分成两种：常驻属性和非常驻属性。常驻属性直接保存在MFT中，像文件名和相关时间信息（例如创建时间、修改时间等）永远属于常驻属性；非常驻属性则保存在MFT之外，但会使用一种复杂的索引方式来进行指示。如果文件或文件夹小于1 500 B，那么所有属性，包括内容都会常驻在MFT中，而MFT是Windows一启动就会载入内存中的，这样当查看这些文件或文件夹时，其内容早已在缓存中了，自然大大提高了文件和文件夹的访问速度。

③磁盘自我修复功能：NTFS文件系统每次读写时，都会检查扇区正确与否。当读取时发现错误，NTFS会报告这个错误；当向磁盘写文件时发现错误，NTFS将会十分智能地换一个完好位置存储数据，操作不会受到任何影响。在这两种情况下，NTFS都会在坏扇区上做标记，以防今后被使用。

④日志功能：在NTFS文件系统中，任何操作都可以被看成是一个"事件"。事件日志一直监督着整个操作。当它在目标地发现了完整文件，就会标记"已完成"。假如复制中途断电，事件日志中就不会记录"已完成"。NTFS可以在通电后重新完成刚才未完成的事件。

小知识：格式化U盘时，该用FAT格式还是NTFS格式呢？

新U盘默认为FAT32格式。当单个文件大于2 GB时，U盘无法写入，因此可将U盘格式化为NTFS格式，就可以支持4 GB ~ 2 TB的文件，而且在传输速率上也比较有优势。

NTFS小知识

2.3.3 Windows 任务管理器

Windows 任务管理器提供了有关计算机性能的信息，并显示了计算机上所运行的程序和进程的详细信息；如果连接到网络，那么还可以查看网络状态并迅速了解网络是如何工作的。它的用户界面提供了文件、选项、查看、窗口、关机、帮助等六大菜单项，其下还有应用程序、进程、性能、联网、用户等五个标签页，窗口底部则是状态栏，从这里可以查看到当前系统的进程数、CPU 使用率、更改的内存容量等数据。默认设置下，系统每隔 2 s 对数据进行一次自动更新，也可以选择"查看"→"更新速度"命令重新设置。

1. 应用程序

应用程序选项显示了所有当前正在运行的应用程序，可通过单击"结束任务"按钮直接关闭某个应用程序。如果需要同时结束多个任务，可以按住【Ctrl】键复选；单击"新任务"按钮，可以直接打开相应的程序、文件夹、文档或 Internet 资源。如果不知道程序的名称，可以单击"运行新任务"按钮进行搜索。这个"新任务"的功能有些类似于开始菜单中的"运行"命令。

2. 进程

如图 2-5 所示，进程选项显示了所有当前正在运行的进程，包括应用程序、后台服务等，那些隐藏在系统底层的病毒程序或木马程序都可以在这里找到。找到需要结束的进程名，然后执行右键菜单中的"结束进程"命令，就可以强行终止，不过这种方式将丢失未保存的数据，而且如果结束的是系统服务，则系统的某些功能可能无法正常使用。

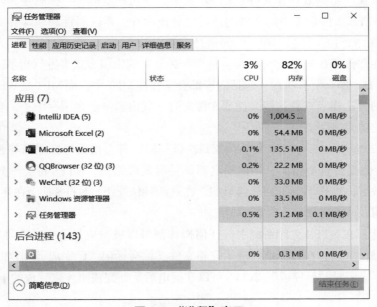

图 2-5 "进程"窗口

3. 性能

性能选项可以看到计算机性能的动态概念，例如 CPU 和各种内存的使用情况。CPU 使用情况：表明处理器工作时间百分比的图表，资源监视器是处理器活动的主要指示器，查看该图表可以知道当前使用的处理时间是多少。CPU使用记录：显示处理器的使用程序随时间的变化情况的图表等。

物理内存：计算机上安装的总物理内存又称RAM。"可用数"表示物理内存中可被程序使用的空余量。但实际的空余量要比这个数值略大一点，因为物理内存不会在完全用完后才去转用虚拟内存。也就是说，这个空余量是指使用虚拟内存前所剩余的物理内存。"系统缓存"是被分配用于系统缓存用的物理内存量。主要用来存放程序和数据等。一旦系统或者程序需要，部分内存会被释放出来，也就是说这个值是可变的。

核心内存：操作系统内核和设备驱动程序所使用的内存。"分页数"是可以复制到页面文件中的内存，一旦系统需要这部分物理内存，它会被映射到硬盘，由此可以释放物理内存；"未分页"是保留在物理内存中的内存，这部分不会被映射到硬盘，不会被复制到页面文件中。

4. 联网

联网选项显示本地计算机所连接的网络通信量，如网络状态、网络使用率及线路速度。使用多个网络连接时，可以在这里比较每个连接的通信量，当然只有安装网卡后才会显示该选项。

2.3.4　Windows操作系统的程序管理

Windows 10对程序的管理主要体现在卸载或更改计算机上的程序。计算机之所以能完成一些工作，都是因为事先在计算机中存储了相关的程序。计算机离开了程序就会一事无成，由此可见，管理计算机中的程序是至关重要的。

1. 安装程序

平时安装从网上下载的安装程序时，大多采用直接将安装程序打开运行，按照安装向导的提示一步一步操作。如果安装程序是存放在光盘中，就把光盘放入光驱，一般情况下，将弹出"自动播放"对话框，然后按照安装向导的提示一步一步操作。如果没有自动播放，就将光盘中的文件夹打开，手动找到安装程序后运行即可。

2. 卸载程序

卸载程序不能像删除某个文件那样用【Delete】键删除，而是需要打开"控制面板"，选择"程序和功能"，在打开的序列表中选中需要卸载的程序后右击，在弹出的快捷菜单中选择"卸载"命令。有些程序在卸载过程中会弹出一些对话框，大多是询问用户是否确认卸载，或者询问卸载后有些残留文件是否一并删除，根据自己的实际需要选择即可。

3. Windows自动更新设置

任何一款操作系统都不是完美无瑕的，Windows操作系统也不例外。所以，Windows操作系统会不断推出一些更新程序，如果想对Windows操作系统进行自动更新，需要做以下操作：

选择"开始"→"设置"→"更新和安全"命令，打开"Windows更新"设置窗口。在"Windows更新"窗口中，单击"高级选项"链接，打开"高级选项"窗口。在图2-6所示"高级选项"窗口中，根据自己的需要进行选择。

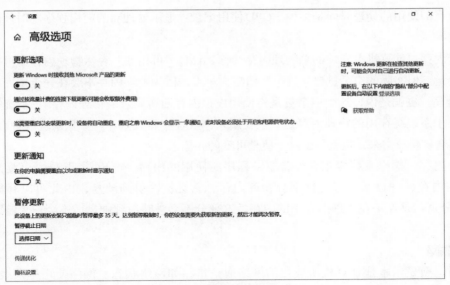

图 2-6 "高级选项"窗口

2.3.5 Windows操作系统的系统设置

在用户使用系统的过程中，要想使用环境稳定、安全、流畅，有效的系统维护和安全设置是必不可少的。这里将介绍如何在Windows 10中查看系统信息，进行备份还原、磁盘管理及系统安全设置等。

1. 查看系统信息

在系统信息中会显示有关计算机硬件配置、计算机组件和软件的详细信息。通过查看系统信息可以得知系统的运行情况，从而对系统当前运行情况进行判断，以决定下一步应该采取何种操作。

选择"控制面板"→"系统与安全"→"管理工具"→"系统信息"命令，打开如图2-7所示的"系统信息"窗口。在该窗口中可以了解系统各组成部分的详细运行情况。

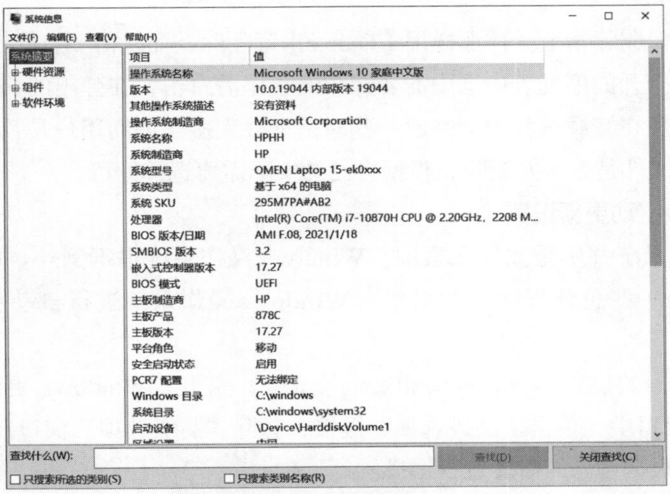

图 2-7 "系统信息"窗口

2. 备份还原

在使用系统的过程中，有时需要进行备份或还原。Windows 10自带了功能强大的备份还原功能，并且灵活性很强，主要包括"创建系统映像""创建系统修复光盘"等主要功能。选择"控制面板"→"备份和还原"命令，打开如图2-8所示的"备份和还原"窗口。

图 2-8 "备份和还原"窗口

（1）创建系统映像

单击"创建系统映像"链接，可以创建系统映像。系统映像是驱动器的精确副本，默认情况下系统映像包含 Windows 运行所需的驱动器、系统设置、程序及文件。

如果用户所使用的硬盘或计算机无法工作时，可以考虑使用系统映像来还原计算机中的内容。需要说明的是，考虑到安全方面的因素，建议用户尽量不要将系统映像文件存储在系统安装分区所在的硬盘上，否则一旦整个硬盘出现故障，那么Windows系统将无法从映像中进行彻底还原。

（2）创建文件备份

单击"设置备份"按钮，可以进行备份。系统映像在备份时是整个分区的备份，因此用户要备份自己创建的某些文件或文件夹时，应该选择创建定期备份文件，以便以后根据实际需要来还原所需的文件和文件夹。此外，选择保存备份的位置时建议用户将备份保存到外部硬盘上。

（3）创建系统修复光盘

单击"创建系统修复光盘"链接，可以创建系统修复光盘。用户在使用系统的过程中，系统崩溃现象是有可能发生的，这是非常令人头疼的一件事情。如果事先制作了一个修复光盘，那么利用它系统就可以很快恢复正常，而Windows 10就提供了这样一种功能。

要创建系统修复光盘，只需在"系统修复光盘创建向导"对话框中按照屏幕的向导提示选择一个CD或DVD驱动器，同时将空白光盘插入光驱中，然后按照默认设置完成剩余操作即可。

（4）系统还原

由于使用系统映像是无法还原单个项目的，只能完全覆盖还原。当前的所有程序、系统设置和文件都将被系统映像中的相应内容替换。所以，系统映像一般是在系统无法正常启动，或想主动恢复到以前的某个时间状态时才会使用，所以有时会用到系统还原。系统还原有以下三种方法：

①开机后快速按【F8】键进行还原。

②在计算机还能正常启动的情况下，通过"控制面板"还原。

③使用Windows 10安装光盘或系统修复光盘还原。

拥有备份文件后，当遇到故障时，就能快速将所备份的文件或文件夹恢复到正常状态，并且备份文件是可以还原单个项目的。单击图2-8所示的"选择其他用来还原文件的备份"链接进入图2-9所示"还原文件"窗口进行设置即可。

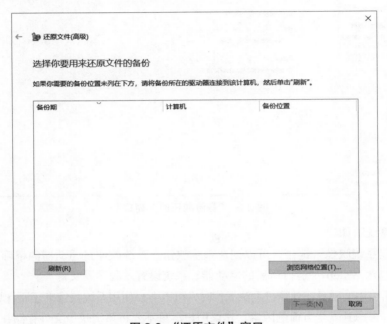

图 2-9　"还原文件"窗口

如果想对系统进行恢复，可以选择"开始"→"设置"→"更新和安全"命令，单击"恢复"按钮，在图2-10所示"恢复"窗口中进行进一步设置。

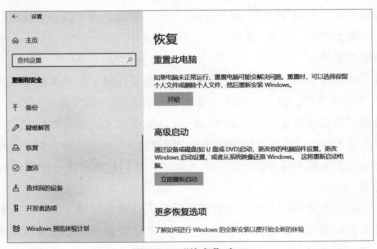

图 2-10　"恢复"窗口

3. 磁盘管理

磁盘是计算机的存储设备，计算机中所有的文件都存放在硬盘中，并且硬盘里还存放着许多应用程序的临时文件。同时，Windows 10将硬盘的部分空间作为虚拟内存，所以保持硬盘的正常运转是非常重要的。Windows 10可以对磁盘进行检查、对磁盘进行清理，还可以整理磁盘碎片。

（1）磁盘检查

通过磁盘检查程序，可以诊断硬盘或U盘的错误，分析并修复多种逻辑错误，查找磁盘上的物理错误，例如坏扇区，并标记出其位置，这样下次再执行文件写操作时就不会写到坏扇区中。

操作方法比较简单，在要检查的磁盘驱动器上右击，在弹出的快捷菜单中选择"属性"命令，打开"磁盘属性"对话框，选择"工具"选项卡，在"查错"区域中单击"检查"按钮，弹出"错误检查"对话框，如果需要进行检查，单击"扫描驱动器"按钮即可。

（2）磁盘清理

通过磁盘清理可以删除计算机中不再需要的文件，以便释放磁盘空间，提高计算机的运行速度。磁盘清理程序可以删除临时文件、Internet 缓存文件、清空回收站并删除各种系统文件和其他不再需要的项。

选择"控制面板"→"系统和安全"→"管理工具"→"磁盘清理"命令，打开如图2-11所示的"磁盘清理：驱动器选择"对话框。选择要清理的驱动器后单击"确定"按钮，就开始检查磁盘空间和可以被清理的数据。清理完毕后，程序会报告清理完毕后会释放的磁盘空间。在列出的可被删除的文件列表中，用户可以自己选择要删除哪些，然后单击"确定"按钮即可。

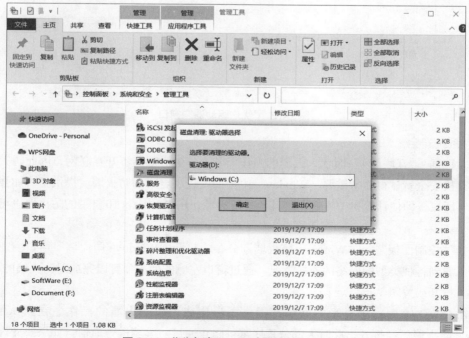

图 2-11 "磁盘清理：驱动器选择"对话框

（3）磁盘碎片整理

所谓的磁盘"碎片"是指磁盘上的不连续的空闲空间。这是由于磁盘在使用过一段时间后由于移动、删除文件等一些操作，导致原来连续的存储空间出现不连续的情况。过多的磁盘碎片存在会导致计算机处理文件时速度变慢，所以应该定期整理磁盘碎片。

通过磁盘碎片整理程序可以重新安排磁盘中的文件存放区和磁盘空闲区，使文件尽可能地存储在连续的单元中，使磁盘空闲区形成连续的空闲区，以便磁盘和驱动器能够更有效地工作。

选择"控制面板"→"系统和安全"→"管理工具"→"碎片整理和优化驱动器"命令，打开图2-12所示的"优化驱动器"窗口。在此窗口中选择要进行整理的驱动器后，单击"优化"按钮即可。需要说明的是，一般在整理前，为了确认是否有必要现在进行整理，所以先通过单击"分析"按钮，在出现分析报告后再确定是否现在进行整理。此外，在整理过程中建议用户不要在此驱动器上做任何操作，以免影响磁盘碎片整理。

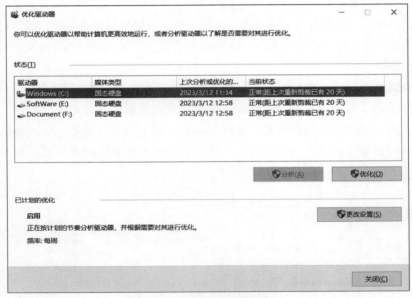

图 2-12 "优化驱动器"窗口

4．系统安全

在大数据、"互联网+"时代，人们的工作、学习、生活都离不开互联网，因此防火墙对于保护计算机安全就显得非常重要。Windows 10全面改进了自带的防火墙，提供了更加强大的保护功能。所以，即使计算机中没有安装其他的防火墙，用Windows 10自带的防火墙也可以保障系统安全。

选择"控制面板"→"Windows防火墙"命令，打开"Windows防火墙"窗口。在该窗口右侧可以看到各种类型的网络的连接情况，通过窗口左侧的列表项可以完成对防火墙的设置。

（1）打开或关闭 Windows 防火墙

Windows 10为每种类型的网络都提供了启用或关闭防火墙的操作。在默认情况下，Windows 防火墙已经打开，此时大部分程序都被阻止通过防火墙进行通信。如果要允许某个程序通过防火墙进行通信，可以将其添加到允许的程序列表中。

关闭 Windows 防火墙可能会使计算机更容易受到黑客和恶意软件的侵害，所以如果用户的计算机上没有安装其他防火墙软件，不推荐关闭 Windows 防火墙。

单击"启用或关闭 Windows 防火墙"链接，在打开的"自定义设置"窗口中，可以根据实际情况进行设置。

（2）Windows 防火墙的高级设置

Windows 10 的防火墙还提供了高级设置功能。单击左侧的"高级设置"链接，在"高级安全 Windows 防火墙"窗口里可以为每种网络类型的配置文件进行设置，包括出站规则、入站规则、连接安全规则、监视等。

（3）还原默认设置

Windows 10 系统提供的防火墙还原默认设置功能使得 Windows 10 的用户可以放心地设置防火墙。如果设置失误，也没有关系，因为还原默认设置功能可以将防火墙恢复到初始状态。但是还原默认设置将会删除所有 Windows 防火墙设置，这可能会导致以前已允许通过防火墙的某些程序停止工作，所以还原后还要根据实际需要来设置允许某些程序通过防火墙进行通信。具体方法：选择"还原默认值"，进行还原。

（4）允许应用或功能通过 Windows 防火墙进行通信

默认情况下，Windows 防火墙会阻止大多数陌生的程序，以便使计算机更安全，但有时也需要某些程序通过防火墙进行通信，以便正常工作。具体的设置方法：选择"允许应用或功能通过 Windows 防火墙"，然后选中要允许的程序旁边的复选框和要允许通信的网络位置，单击"确定"按钮即可。

想一想：防火墙和杀毒软件一样吗？是不是两者有其一就可以了？

防火墙（firewall）是一种位于内部网络与外部网络之间的网络安全系统，依照特定的规则，允许或是限制传输的数据通过。

杀毒软件又称反病毒软件或防毒软件，是用于消除计算机病毒、特洛伊木马和恶意软件等计算机威胁的一类软件。

由此可见，防火墙和杀毒软件的作用不同，即使有了防火墙也要安装杀毒软件，并且不要忘记更新，这样才可以保障系统的安全。

防火墙小知识

▌ 习题

一、填空题

1. 要卸载程序，可以通过控制面板，打开_____进行。

2. 操作系统是_____的接口。

3. 利用 WinRAR 压缩软件生成的压缩文件扩展名为_____。

4. 在 Windows 10 中，要选中不连续的文件或文件夹，先单击第一个文件或文件夹，然后按住_____键，同时单击其他要选中的各个文件或文件夹。

5. 计算机系统是由_____和_____两部分组成的。

二、选择题

1. 窗口的组成部分中不包含（　　）。

    A. 标题栏、地址栏、状态栏　　　　　B. 搜索栏、工具栏

    C. 导航窗格、窗口工作区　　　　　　D. 任务栏

2. Windows 10中可以结束进程的工具程序是（　　）。

    A. 任务管理器　　B. 资源管理器　　　C. 管理控制台　　　D. 控制面板

3. 按（　　）键可以在汉字输入法中进行中英文切换。

    A.【Ctrl】　　　　B.【Tab】　　　　C.【Shift】　　　　D.【Alt】

4. Windows 10中，通过"鼠标"属性对话框，不能调整鼠标的（　　）。

    A. 单击速度　　　B. 双击速度　　　C. 移动速度　　　　D. 指针轨迹

5. 与计算机硬件系统关系最密切的软件是（　　）。

    A. 编译程序　　　B. 数据库管理系统　C. 游戏程序　　　　D. 操作系统

第 3 章

计算机网络基础

本章要点：

- 计算机网络概述。
- Internet 基础。
- 网络应用。
- 网络安全。

计算机网络是计算机科学中非常重要的内容，已经广泛应用至人们工作和生活的各个领域。本章主要介绍计算机网络基础知识、Internet 基础、计算机网络应用及网络安全，可以让读者熟悉和掌握一些计算机网络的基础知识，掌握一些基本的网络技术，方便以后的学习、生活和工作。

▍3.1 计算机网络概述

作为计算机技术与通信技术相结合的产物，计算机网络将人们带入因特网时代，掌握计算机网络的相关知识，已成为未来工作和生活所必备的基本素质。

3.1.1 计算机网络的基本概念

计算机网络是指将分布在不同地理位置且功能相对独立的多台计算机，通过通信设备和线路互联起来，在功能完善的网络软件支持下实现资源共享和信息交换的系统。"功能相对独立"是指相互连接的计算机之间不存在互为依赖关系，它们具有各自独立的软件和硬件，任何一台计算机都可以脱离网络和网络中的计算机独立工作。仅仅将这些不同地理位置的计算机通过通信设备和线路实现物理连接起来是远远不够的，为了在这些计算机之间实现有效的资源共享，还必须提供功能完善的网络软件，其中包括网络操作系统、网络管理软件及网络通信协议。

一个网络可以由计算机组成，也可以集成计算机、大型计算机和其他设备。最庞大的计算机网络就是因特网，它由非常多的计算机网络互联而成。最简单的计算机网络可以由两台计算机和连接它们的一条链路组成。

3.1.2 计算机网络的功能和分类

1. 功能

（1）信息交流

计算机网络的基本功能在于实现信息交流、资源共享和协同工作。信息交流的形式有很多种，如电话是一种远程信息交流方式，但是只有音频，没有视频；电视是一种具有音频和视频的远程信息传播方式，但是交互性不好。在计算机网络中，信息交流可以交互方式进行，主要有网页、邮件、论坛、即时通信、IP电话、视频点播等形式。计算机网络的资源共享和信息交流特性，为电子商务、信息管理、远程协作等提供了一个很好的平台。

（2）资源共享

计算机网络的资源指硬件资源、软件资源和信息资源。硬件资源有：交换设备、路由设备、存储设备、网络服务器等设备。例如：网络硬盘可以为用户免费提供数据存储空间。软件资源有：网站服务器（Web）、文件传输服务器（FTP）、邮件服务器（E-mail）等，它们为用户提供网络后台服务。信息资源有：网页、论坛、数据库、音频和视频文件等，它们为用户提供新闻浏览、电子商务等功能。资源共享可使网络用户对资源互通有无，大大提高网络资源的利用率。

（3）提高系统的可靠性

在单机使用的情况下，任何一个系统都可能发生故障。而当计算机联网后，各计算机可以通过网络互为后备，一旦某台计算机发生故障，则由其他计算机代为处理。这样计算机网络就能起到提高系统可靠性的作用。更重要的是，由于数据和信息资源存放于不同的地点，因此可防止因故障而无法访问或由于灾害造成数据破坏。

（4）协同工作

利用网络技术可以将许多计算机连接成具有高性能的计算机系统，使其具有解决复杂问题的能力。这种协同工作、并行处理的方式，要比单独购置高性能大型计算机便宜得多。当某台计算机负载过重时，网络可将任务转交给空闲的计算机来完成，这样能均衡各计算机的负载，提高处理问题的能力。

2. 分类

计算机网络的分类方法有很多种，最常用的分类方法是IEEE（国际电子电气工程师学会）根据计算机网络地理范围的大小，将网络分为局域网（LAN）、城域网（MAN）和广域网（WAN）。另外，还有根据网络拓扑结构进行划分的。

（1）根据计算机网络的地理范围划分

①局域网（LAN）。局域网通常在一幢建筑物内或相邻几幢建筑物之间（见图3-1）。局域网是结构复杂程度最低的计算机网络，也是目前应用最广泛的一类网络。尽管局域网是结构最简单的网络，但并不一定是小型网络。由于光通信技术的发展，局域网覆盖范围越来越大，往往将直径达数千米的一个连续的园区网（如大学校园网、智能小区网等）也归纳到局域网的范围。

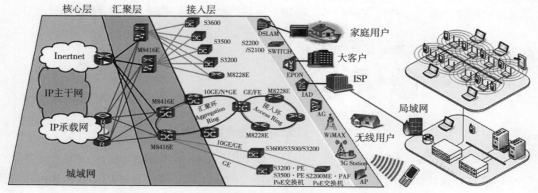

图 3-1　城域网和局域网应用案例示意图

②城域网（MAN）。城域网的覆盖区域为数百平方千米，城域网往往由许多大型局域网组成。城域网主要为个人用户、企业局域网用户提供网络接入，并将用户信号转发到因特网中。城域网信号传输距离比局域网长，信号更加容易受到环境的干扰。因此网络结构较为复杂，往往采用点对点、环形、树状和环形相结合的混合结构。由于数据、语音、视频等信号，可能都采用同一城域网络，因此城域网组网成本较高。

③广域网（WAN）。广域网的覆盖范围通常在数千平方千米，一般为多个城域网的互联（如ChinaNet，中国公用计算机互联网），甚至是全世界各个国家之间网络的互联。因此广域网能实现大范围的资源共享。广域网一般采用光纤进行信号传输，网络主干线路数据传输速率非常高，网络结构较为复杂，往往是一种网状网或其他拓扑结构的混合模式。广域网需要跨越不同城市、地区、国家，因此网络工程最为复杂。

（2）根据计算机网络的拓扑结构划分

在计算机网络中，如果把计算机、服务器、交换机、路由器等网络设备抽象为"点"，把网络中的传输介质抽象为"线"，这样就可以将一个复杂的计算机网络系统，抽象成为由点和线组成的几何图形，这种图形称为网络拓扑结构（见图3-2）。

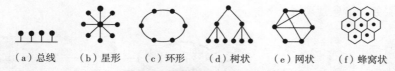

（a）总线　（b）星形　（c）环形　（d）树状　（e）网状　（f）蜂窝状

图 3-2　网络拓扑结构示意图

如图 3-2 所示，网络的基本拓扑结构有：总线拓扑结构、星形拓扑结构、环形拓扑结构、树状拓扑结构、网状拓扑结构和蜂窝状拓扑结构。大部分网络是这些基本拓扑结构的组合形式，下面主要介绍一下星形拓扑结构和环形拓扑结构。

①星形拓扑结构。星形拓扑结构是目前局域网中应用最为普遍的一种结构。如图3-3所示，星形拓扑结构的每个结点都有一条单独的链路与中心结点相连，所有数据都要通过中心结点进行交换，因此中心结点是星形拓扑结构的核心。

星形拓扑结构网络采用广播通信技术，局域网的中心结点设备通常采用交换机，这样集中了网络信号流量，提高了链路利用率。如图3-3所示，在交换机中，每个端口都挂接在内部背板总线上，因此，星形拓扑以太网虽然在物理上呈星形结构，但逻辑上仍然是总线拓扑结构。

（a）100BASE-T 以太网　　　　　　　　　（b）星形拓扑结构

图 3-3　以太网和星形拓扑结构

星形拓扑结构简单，建设和维护费用少。一般采用双绞线作为传输介质。

②环形拓扑结构。如图 3-4 所示，在环形拓扑结构中，各个结点通过环接口，连接在一条首尾相接的闭合环形通信线路中。环网有：单环、多环、环相切、环内切、环相交、环相连等结构。在环形拓扑结构中，结点之间的信号沿环路顺时针或逆时针方向传输。

环形拓扑结构的特点是每个结点都与两个相邻结点相连，因而是一种点对点通信模式。环网采用信号单向传输方式，如图 3-4 所示，如果 $N+1$ 结点需要将数据发送到 N 结点，几乎要绕环一周才能到达 N 结点。因此环网在结点过多时，会产生较大的信号时延。

环形网络的建设成本较高，也不适用于多用户接入。环形网络主要用于城域传输网和国家大型主干传输网。

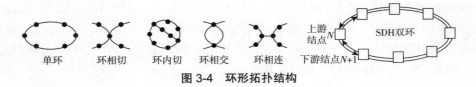

单环　　　环相切　　　环内切　　　环相交　　　环相连

图 3-4　环形拓扑结构

3.1.3　计算机网络的组成

计算机网络系统由计算机网络硬件和网络软件两大部分组成，如图 3-5 所示。计算机网络提供的各种功能称为服务。最常见的服务有：网页服务、即时通信服务、邮件服务、数据库服务、电子商务服务、信息管理服务等。

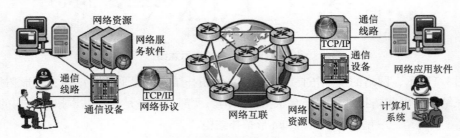

图 3-5　计算机网络系统的基本组成

1. 计算机网络硬件部分

计算机网络硬件部分主要包括通信介质、通信设备、服务器和客户机。

（1）通信介质

①双绞线。双绞线（TP）由多根绝缘铜导线相互缠绕成为线对（见图 3-6），双绞线绞合的

目的是减少对相邻导线之间的电磁干扰。由于双绞线价格便宜，而且性能也不错，因此广泛用于计算机局域网和电话系统。

双绞线可以传输模拟信号，也可以传输数字信号，特别适用于短距离的局域网信号传输。双绞线的传输速率取决于所用导线的类别、质量、传输距离、数据编码方法以及传输技术等。双绞线的最大传输距离一般为100 m，传输速率为10 Mbit/s ~ 10 Gbit/s。

②同轴电缆。同轴电缆由铜芯导体、绝缘层、铜线编织屏蔽层以及PVC外层组成（见图3-7），同轴电缆具有很好的抗干扰特性。

图 3-6　双绞线电缆　　　　　　　　　　图 3-7　同轴电缆

早期局域网曾经采用同轴电缆组网，目前计算机网络已经不使用这种传输介质。同轴电缆目前广泛用于有线电视网络。

③光纤。光纤是光导纤维的简称，如图3-8所示，光纤外观呈圆柱形，由纤芯、包层、涂层、表皮等部分组成，多条光纤制作在一起时称为光缆。

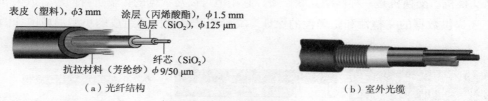

（a）光纤结构　　　　　　　　　　（b）室外光缆

图 3-8　光纤结构和室外光缆

光纤通信通过特定角度射入的激光来工作。光纤的包层像一面镜子，使光脉冲信号在纤芯内反射前进。发送端的光源可以采用发光二极管或半导体激光器，它们在电脉冲的作用下能产生光脉冲信号。光纤中有光脉冲时相当于"1"，没有光脉冲时相当于"0"。

光纤通信的优点是通信容量大（单根光纤理论容量可达20 Tbit/s以上）、保密性好（不易窃听）、抗电磁辐射干扰、防雷击、传输距离长（不中继可达200 km）。光纤通信的缺点是光纤连接困难，成本较高。光纤通信广泛用于电信网络、有线电视、计算机网络、视频监控等行业。

④微波。微波通信适用于架设电缆或光缆有困难的地方，它广泛用于无线移动电话网和无线局域网（见图3-9）。微波在空间主要是直线传播，而地球表面是个曲面，因此传播距离受到限制，一般只有50 km左右。微波通信的优点是：通信容量大、见效快、灵活性好等；缺点是受障碍物和气候干扰、保密性差、使用维护成本较高等。

（2）通信设备

①网卡。网卡（NIC，网络适配器）用于计算机与网络的互联。目前的计算机主板都集成标准的以太网卡，不需要另外安装网卡。但是，在服务器主机、防火墙等网络设备内，网卡还有它独特的作用。计算机网络接口和网卡如图3-10所示。

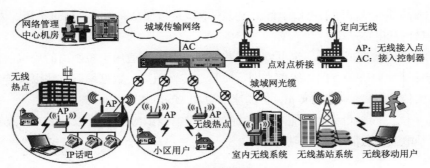

图 3-9 无线局域网的应用

（a）网线接头　　（b）主机 RJ-45 接口　　（c）主板集成网卡芯片　　（d）服务器独立光纤网卡

图 3-10　计算机网络接口和网卡

②交换机。交换机是一种网络互联设备，它不但可以对数据的传输进行同步、放大和整形处理，还提供数据的完整性和正确性的保证。交换机产品及由其组成的小型局域网如图 3-11 所示。

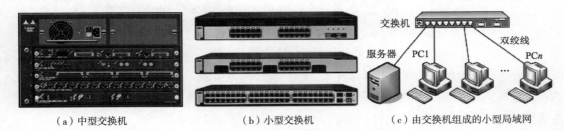

（a）中型交换机　　　　　　　　（b）小型交换机　　　　　　　（c）由交换机组成的小型局域网

图 3-11　交换机产品及由其组成的小型局域网

③路由器。路由器（又称网关）是网络层的数据转发设备。路由器通过转发数据包实现网络互联，虽然路由器支持多种网络协议，但是绝大多数路由器运行 TCP/IP 协议。

如图 3-12 所示，路由器是一台专用的计算机，它有 CPU、内存、主板等硬件，也有操作系统、路由算法等软件。

（a）路由器产品　　　　　　　　　　（b）路由器在局域网中的应用

图 3-12　路由器产品及在网络中的应用

路由器的第一个主要功能是对不同网络之间的协议进行转换，具体实现方法是数据包格式转换，也就是网关的功能。路由器的第二大功能是网络结点之间的路由选择，通过选择最佳路径，将数据包传输到目的主机。路由器可以连接相同的网络，或不同的网络。既可以连接两个局域网，也可以连接局域网与广域网，或者是广域网之间的互联。

④防火墙。防火墙是一种网络安全防护设备，它的主要功能是防止网络的外部入侵与攻击。防火墙可以用软件或硬件实现，用软件实现时升级灵活，但是运行效率低，客户端计算机一般采用软件实现；硬件防火墙运行效率高，可靠性好，一般用于网络中心机房。

如图3-13所示，硬件防火墙是一台专用计算机，它包括CPU、内存、硬盘等部件。防火墙中安装有网络操作系统和专业防火墙程序。

图 3-13　硬件防火墙产品

（3）服务器

服务器是运行网络服务软件，在网络环境中为客户端提供各种服务的计算机系统。服务器主机大部分为PC服务器，它从PC发展而来，它们在计算机体系结构、设备兼容性、制造工艺等方面，没有太大差别，两者在软件上完全兼容。但是在设计目标上，PC服务器与PC不同，它更加注重对数据的高性能处理能力（如采用多CPU、大容量内存等）；对I/O设备的吞吐量有更高的要求；要求设备有很好的可靠性（如支持连续运行、热插拔等）。PC服务器一般运行Windows Server、Linux等操作系统。数据中心的网络设备连接和PC服务器如图3-14所示。

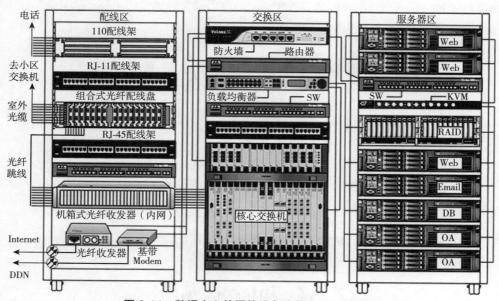

图 3-14　数据中心的网络设备连接和 PC 服务器

（4）客户机

客户机是用户与网络打交道的设备，一般由用户PC担任，主要通过请求服务器而获得网络上提供的各种资源。

2．计算机网络软件部分

计算机网络软件部分主要包括网络协议和网络软件。

（1）网络协议

为了实现网络的正常通信，通信双方必须有一套彼此能够互相了解和共同遵守的网络协议。网络协议规定了网络信号的传输方式（如单工或双工传输）、数据包的格式（帧结构）、数据的分解与重组等。网络通信的双方主机必须遵守相同的协议，才能正确交流信息。

（2）网络软件

网络软件是一种在网络环境下运行或管理网络工作的计算机软件。根据软件的功能，网络软件可分为服务器软件和客户端软件两大类。

服务器软件用于控制和管理网络运行、提供网络通信和网络资源分配与共享功能，并为用户提供各种网络服务。服务器软件包括网络操作系统（如 Linux）、网络通信软件（如 TCP/IP 协议）、各种网络服务软件（如 IIS）等。

客户端软件是为某一个应用目的而开发的网络软件，常用的客户端软件有 IE 浏览器、QQ 即时通信软件、迅雷网络下载软件等。

3．校园网构建案例

大学校园网大部分采用以太网方式，一般采用千兆以太网为主干，百兆交换到桌面的网络结构。校园网建筑群之间的主干线路一般采用光缆连接，通过光缆连通教学区、办公区、宿舍区等楼宇。校园网与广域网采用双链路连接方案，一条 1 000 m 的以太链路连接到 ISP（中国电信城域网），另外一条 1 000 m 的专线接入教育网。广域网通过防火墙接入核心交换机。核心交换机选用 10 Gbit/s 以太网三层交换机，各个楼宇的部门级交换机选用千兆三层交换机。网络采用分布式路由交换体系，网络拓扑结构如图 3-15 所示。

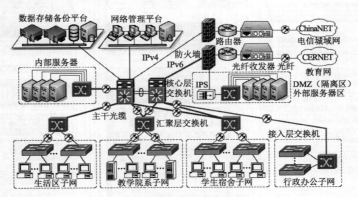

图 3-15　大学校园网的网络拓扑结构

3.2　Internet 基础

因特网（Internet）是全球最大的、由众多网络连接而成的、资源丰富的信息网络，它像计算机之间的高速公路网，使得各种信息在上面自由传递。

3.2.1 Internet简介

Internet可追溯到其前身ARPANET，是1969年美国国防部组建的高级研究项目署（Advanced Research Projects Agency，ARPA）创建的第一个采用分组交换技术而建立的试验网络。ARPANET最初只是一个单个的分组交换网络，并不是一个互连的网络。所有连接在ARPANET上的计算机都直接与就近的结点交换机相连。到了20世纪70年代中期，人们已认识到仅使用一个单独的网络不可能满足所有的通信问题。于是ARPA开始研究各种网络互连的技术，这就导致后来互联网的出现，这样的互联网就成为现在Internet的雏形。1983年，TCP/IP协议成为ARPANET上的标准协议，使得所有使用TCP/IP协议的计算机都能利用互联网相互通信。

1985年，美国国家科学基金会（National Science Foundation，NSF）围绕六个大型计算机中心建设计算机网络，即国家科学基金网NSFNET，它分为主干网、地区网和校园网（或企业网）。NSFNET覆盖了全美国主要的大学和研究所，并且成为Internet中的主要组成部分。1990年，ARPANET正式宣布关闭，因为它的实验任务已经完成。1991年起，世界上的许多公司纷纷接入NSFNET，网络上的通信量急剧增大，网络容量已满足不了需求。于是美国政府决定将NSFNET的主干网交给商家经营，并开始对接入NSFNET的单位有偿提供服务。

1993年开始，NSFNET逐步被若干个商用的Internet主干网替代，政府机构不负责Internet的运营。这样，就出现了许多的因特网服务提供方ISP（the internet service provider）。所谓的ISP实际上是提供网络服务的商业单位，例如，中国电信、中国移动、中国联通就是国内最有名的ISP。ISP可以从Internet管理机构申请到许多IP地址（主机必须有IP才能上网），同时拥有通信线路以及路由器等连网设备。任何个人和机构只要向当地的ISP付费即可从ISP获取所需IP的使用权并通过ISP接入Internet。随着接入用户数增加，开始了Internet迅猛发展的时期，并在很短的时间里演变成覆盖全球的国际性的互联网络。

3.2.2 IP地址和域名

1. IP地址

因特网上的每台主机，都分配一个全球唯一的IP地址，IP地址是通信时每台主机的名字（hostname），它是一个32位的标识符，一般采用"点分十进制"的方法表示。

IETF（因特网工程任务组）早期将IP地址分为A、B、C、D、E五类，其中A、B、C是主类地址，D类为组播地址，E类地址保留给将来使用。IP地址的分类见表3-1。

表 3-1　IP地址的分类

类型	IP地址格式	IP地址结构				段1取值范围	网络个数	每个网络最多主机数
		段1	段2	段3	段4			
A	网络号.主机.主机.主机	N.	H.	H.	H	1 ~ 126	126	1 677万
B	网络号.网络号.主机.主机	N.	N.	H.	H	128 ~ 191	1.6万	6.5万
C	网络号.网络号.网络号.主机	N.	N.	N.	H	192 ~ 223	209万	254

说明：表中N由NIC（网络信息中心）指定，H由网络所有者的网络工程师指定。

【例3-1】某大学中的一台计算机分配到的地址为"222.240.210.100",地址的第一个字节在192～223范围内,因此它是一个C类地址,按照IP地址分类的规定,它的网络地址为222.240.210,它的主机地址为100。

在IPv4中,全部32位IP地址有$2^{32}=42$亿个。但由于分配不合理,目前可用的IPv4地址已经基本分配完了。为了解决IP地址不足的问题,IETF先后提出多种技术解决方案。

2. 域名

（1）域名系统

数字式的IP地址（如210.43.206.103）难于记忆,如果使用易于记忆的符号地址（如www.sina.com）来表示,就可以大大减轻用户的负担。这就需要一个数字地址与符号地址相互转换的机制,这就是因特网域名系统（DNS）。

域名系统是一个分布在因特网上的主机信息数据库系统,它采用客户机－服务器工作模式。域名系统的基本任务是将域名翻译成IP协议能够理解的IP地址格式,这个工作过程称为域名解析。域名解析工作由域名服务器来完成,域名服务器分布在不同的地方,它们之间通过特定的方式进行联络,这样可以保证用户可以通过本地域名服务器查找到因特网上所有的域名信息。

因特网域名系统规定,域名格式为:结点名.三级域名.二级域名.顶级域名。

（2）顶级域名

所有顶级域名由INIC（国际因特网信息中心）控制。顶级域名目前分为两类:行业性和地域性顶级域名,见表3-2。

表 3-2 常见顶级域名

早期顶级域名	机构性质	新增顶级域名	机构性质	域 名	国家或地区
com	商业组织	firm	公司企业	au	澳大利亚
edu	教育机构	shop	销售企业	ca	加拿大
net	网络中心	web	因特网网站	cn	中国
gov	政府组织	arts	文化艺术	de	德国
mil	军事组织	rec	消遣娱乐	jp	日本
org	非营利性组织	info	信息服务	th	泰国
int	国际组织	nom	个人	uk	英国

美国没有国家和地区顶级域名,通常见到的是采用行业领域的顶级域名。

如图3-16所示,因特网域名系统逐层、逐级由大到小进行划分。DNS的层次结构如同一棵倒挂的树,树根在最上面,而且没有名字。域名级数通常不多于5级,这样既提高了域名解析的效率,同时也保证了主机域名的唯一性。

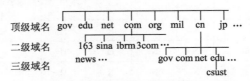

图 3-16 DNS 的层次结构示意图

（3）根域名服务器

根域名服务器是因特网的基础设施，它是因特网域名系统中最高级别的域名服务器。全球共有13台根域名服务器，这13台根域名服务器的名字分别为"A"至"M"，其中10台设置在美国，另外各有一台设置于英国、瑞典和日本。部分根域名服务器在全球设有多个镜像点，因此可以抵抗针对根域名服务器进行的分布式拒绝服务（DDoS）攻击。根域名服务器中虽然没有每个域名的具体信息，但存储了负责每个域（如com、net、org等）解析域名服务器的地址信息。

3.2.3　接入Internet

近年来，随着网络技术的不断发展和完善，多种宽带技术进入用户家庭。目前，最常见的宽带接入方式主要有非对称数字用户线（asymmetric digital subscriber line，ADSL）接入、有线电视网接入、光纤接入、无线局域网（WLAN）接入等。下面针对这4种接入方式进行简要介绍。

1. ADSL接入

ADSL是目前最主要的宽带接入方式。它的最大特点是不需要改造信号传输线路，利用现有电话线作为传输介质，采用先进的复用和调制技术，使得高速数字信息和电话语音信息在电话线不同频段上同时传输。ADSL采用"非对称"方式，即上行速率与下行速率不同，通常上行速率要远小于下行速率。在ADSL接入方案中，用户端只需要安装一个ADSL调制解调器即可。每个用户都有单独的一条线路与ADSL局端相连，数据传输带宽是由每个用户独享的。ADSL采用自适应调制技术使用户能够传送尽可能高的数据率。

2. 有线电视网接入

有线电视网接入是在目前覆盖很广的有线电视网的基础上开发的一种居民宽带接入方式。它利用现成的有线电视网进行数据传输，除可传送电视节目外，还能提供电话、数据和其他宽带交互型业务，是一种比较成熟的技术。为提高传输的可靠性和电视信号的质量，需要把原有线电视网中的同轴电缆主干部分改换光纤。同时，由于原有线电视网采用的是模拟传输协议，因此在用户端需要增加一个电缆调制解调器（cable modem）来协助完成数字数据的转换。随着有线电视网的发展壮大和人们生活质量的不断提高，利用有线电视网访问Internet已成为越来越受业界关注的一种高速接入方式。

3. 光纤接入

光纤接入（fiber to the…，FTTx）是指局端与用户之间完全以光纤作为传输媒体。光纤用户网的主要技术是光波传输技术。目前光纤传输的复用技术发展相当快，多数已处于实用化。根据光纤深入用户的程度，可分为光纤到路边（FTTC）、光纤到大楼（FTTB）、光纤到户（FTTH）等。由于Internet上有大量的视频信息资源，使得宽带上网的普及率增长得很快。为了更快地下载视频文件，以及更加流畅地欣赏网上的各种高清视频节目，FTTH应当是最好的选择。FTTH是直接把光纤接到用户的家中（用户所需的地方）。由于一个家庭用户远远用不了一根光纤的通信容量，为了有效利用光纤资源，一般数十个家庭用户共享一根光线干线。可见，FTTH的显著技术特点是不但提供更大的带宽，且具有节省光缆资源、建网速度快、综合建网成本低等优点。

4. 无线接入

随着移动用户终端增多和用户移动性的增强，无线接入方式已越来越受人们的青睐。目前，无线接入用户使用较多的是Wi-Fi网络。Wi-Fi网络是利用无线通信技术在一定局部范围内建立的无线网络。其构建方便，只需要无线AP即可。用户可以在Wi-Fi覆盖范围内移动和随机接入，获得高质量、高效率、低商业成本的数据报务。Wi-Fi使用IEEE 802.11系列标准，主要用于解决不方便布线或移动的场所，如办公室、校园、机场、车站及购物中心等处用户终端的无线接入。

‖ 3.3 网络应用

计算机网络应用多如繁星，已经融入人们工作和生活的每一个角落。本节仅对几个常用的应用进行简单介绍，让读者有一些基本的了解。

3.3.1 万维网

万维网并非某种特殊的计算机网络，而是一个大规模的、联机式的信息储藏所，英文简称为Web。万维网是由遍布世界各地、信息量巨大的文档组合而成。通常在用户屏幕显示的万维网文档称为网页。每一个网页能够包含指向Internet任何主机网页的超链接。指向另一网页的链接的文本称为超文本。一个超文本由多个信息源链接组成，而这些信息源的数目实际上是不受限制的。万维网的出现使网站数按指数规律增长，每个万维网站点都存放许多包含超文本的文档。人们通过链接方式能非常方便地从Internet上的一个站点访问到另一个站点，从而主动地按需获取丰富的信息。图3-17显示万维网提供的分布式服务。

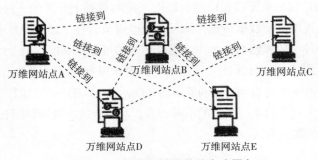

图 3-17 万维网提供的分布式服务

万维网以客户机–服务器方式工作。通常运行浏览器（如IE）的用户主机为万维网客户机。万维网文档所驻留的主机为万维网服务器。浏览器的主要功能是从网上获取所需的文档，解释文档中包含文本和格式化命令，并按照预定的格式显示在屏幕上。客户机向服务器发出文档请求，服务器向客户机送回用户所要的万维网文档。

为了标志分布在整个Internet上的万维网文档，通常采用统一资源定位符（uniform resource locator，URL），使得每一个文档在整个Internet的范围内具有唯一的标识。所有URL至少有两部分，如新浪站点的URL是"http://www.sina.com.cn"。其中"http://"为访问站点采用的协议，"www.sina.com.cn"为新浪站点的域名。有些URI还附加端口号和文档的路径。超文本传送协议（hypertext transfer protocol，HTTP）是访问万维网站点使用的协议。HTTP协议定义了浏览器向服务器请求文档以及服务器把文档传送给浏览器的交互所必须遵循的格式和规则。

为了使不同风格的万维网文档都能在Internet上的各种主机上显示并能识别链接存在的位置，万维网采用了制作页面的标准语言——超文本标记语言（hypertext markup language，HTML）。由于HTML制作的是静态网页，不能满足用户对信息交互的需求。随着各种脚本语言推出和浏览器技术的发展，动态网页直至活动页面的推出大大增加了万维网站点的趣味性和生动性。

3.3.2　电子邮件

电子邮件（E-mail）是一种利用计算机网络交换信件的通信手段，它是因特网上最受欢迎的一种服务。电子邮件服务可以将用户邮件发送到收信人的邮箱中，收信人可随时进行读取。电子邮件不仅能传送文字信息，还可以传送图像、声音等多媒体信息。

电子邮件系统采用客户机 - 服务器工作模式，邮件服务器包括接收邮件服务器和发送邮件服务器。发送邮件服务器一般采用SMTP（简单邮件传送协议），当用户发出一份电子邮件时，发送方邮件服务器按照电子邮件地址，将邮件送到收信人的接收邮件服务器中。接收方邮件服务器为每个用户的电子邮箱开辟了一个专用的硬盘空间，用于存放对方发来的邮件。当收件人将自己的计算机连接到接收邮件服务器（一般为登录邮件服务器的网页），并发出接收操作后（用户登录后，邮件服务器会自动发送邮件目录），接收方通过POP3（邮局协议版本3）或IMAP（交互式邮件存取协议）读取电子信箱内的邮件。当用户采用网页方式进行电子邮件收发时，用户必须登录到邮箱后才能收发邮件；如果用户采用邮件收发程序（如微软公司的Outlook Express），则邮件收发程序会自动登录邮箱，将邮件下载到本地计算机中。图3-18所示为电子邮件的收发过程。

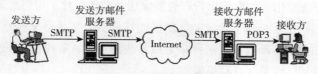

图 3-18　电子邮件的收发过程

3.3.3　搜索引擎

随着Internet的飞速发展，网络资源越来越丰富。这些资源种类繁多、内容广泛、语言多样、更新频繁，好比一个巨大的图书馆。如何找到自己所需的信息呢？如果知道信息存放的站点，则在浏览器中输入该站点即可找到。但如果不知道信息在何站点，那就必须使用搜索引擎。

搜索引擎是指以一定的策略搜集Internet上的信息，在对信息进行组织处理后，为用户提供检索服务的系统。搜索引擎的种类很多，但大体上可划分为三大类，即全文检索搜索引擎、分类目录搜索引擎和元搜索引擎。

1. 全文检索搜索引擎

全文检索搜索引擎是一种纯技术型的检索工具，它的工作原理是通过搜索软件到Internet上的各网站上收集信息，找到一个网站后再链接到另一个网站，像蜘蛛爬行一样。然后按照一定的规则建立一个很大的在线数据库供用户查询。谷歌网站和百度网站均为全文检索搜索引擎。

2. 分类目录搜索引擎

分类目录搜索引擎虽然有搜索功能，但在严格意义上算不上是真正的搜索引擎。它不采集网站上的任何信息，而是利用各网站向搜索引擎提交的网站信息时填写的关键词和网站描述等信息，通过人工审核编辑后，如果认为符合网站登录的条件，则输入到分类目录的数据库中，供网上用户查询。用户完全可以不用进行关键词的查询，仅靠分类目录也可找到所需要的信息。属于分类目录搜索引擎的有雅虎、新浪、搜狐、网易等。

3. 元搜索引擎

元搜索引擎是把用户提交的检索请求发送到多个独立的搜索引擎之上，并把检索结果集中统一处理，以统一的格式提供给用户，因此是搜索引擎之上的搜索引擎。在这里，"元"为"总的""超越"之意。元搜索引擎的主要精力放在提高搜索速度、智能化处理搜索结果、个性化搜索功能的设置和用户检索界面的友好性上，它的查全率和查准率都比较高。

目前，比较流行的元搜索引擎有聚搜、360综合搜索等。它们汇集谷歌、雅虎、百度、搜狗、中搜、有道、天网等多个搜索引擎结果，同时主动帮助用户获取各大搜索引擎的最佳结果，并按重要性和热门程度有序排列，以保障结果精准而全面。

3.3.4 物联网

随着网络技术的发展和普及，通信的参与者不仅存在于人与人之间，还存在于人与物体或物体与物体之间。物联网正是在这种背景下应运而生的全新网络技术。它通过射频识别（RFID）、红外感应器、全球定位系统、激光扫描器等信息传感设备，按约定的协议，将任何物体与互联网相连接，进行信息交换和通信，以实现智能化识别、定位、追踪、监控和管理。简而言之，物联网就是"物物相连的互联网"。物联网技术的核心和基础仍然是互联网技术。物联网提供了丰富的智能应用，如智能出行、智能家居及智能医疗。可以想象以下场景：

①开车出门时，智能手机和车载智能导航仪能显示实时交通路况和停车信息，进行智能分析、控制与引导，如自动帮助驾驶员选择最近或最快路径，以提高出行的方便性、舒适度。当驾驶员出现操作失误时，汽车会自动报警。

②刷卡进入智能大楼时，办公室的空调自动开启，咖啡机开始工作；当离开办公室时，空调自动关闭，吸尘器自动开启；当办公室出现异常时，智能设备直接通过视频与你通话。

③可以随时用电子秤、脂肪分析仪、电子体温计、血压计和心率监测仪等人体状况传感设备，自动测量自己的血压、血糖、血氧、心电等与健康有关的数据，以便了解自己的健康状况。异常时上传给家庭医生，必要时进行远程会诊。

总结起来，物联网有四个特性：全面感知、可靠传输、智能应用以及网络融合。

1. 全面感知

物联网利用RFID、传感器、二维码等终端设备随时随地采集物体的各种信息。

2. 可靠传输

物联网通过无处不在的无线网络、有线网络等载体将感知设备的信息进行实时传送。

3. 智能应用

物联网通过计算机技术及时对海量的数据进行信息处理，以达到对物体实现智能化的控制和管理，使物体具有"思维能力"。

4. 网络融合

物联网是在融合现有的计算机网络、电子和控制等技术的基础上，通过研究、开发和应用形成自身的技术架构。

物联网形式多样，涉及面广。根据信息生成、传输、处理和应用的原则，可以把物联网大致分为三层：感知层、网络层、应用层。

1. 感知层

感知层处于物联网的最低层，是物联网发展与应用的基础。主要功能有数据采集、通信和协同信息处理，并通过通信模块将物体连接到网络层和应用层。

2. 网络层

网络层主要承担数据传输的功能。在物联网中，要求网络层能够将感知层感知的数据无障碍、高可靠性、高安全性地进行传送。

3. 应用层

应用层解决的是信息处理与人机界面的问题。主要对感知和传输来的信息进行分析和处理，做出正确的控制和决策，实现智能化的管理、应用和服务。

物联网涉及的技术复杂，牵涉面广。下面介绍物联网中常用的关键技术。

1. 传感器技术

传感器是一种检测装置，能感受到被测量的信息，并将感受到的信息，按一定规律转换成为电信号或其他所需形式的信息输出，以满足信息的传输、处理和控制等要求。如果把计算机看成处理和识别信息的"大脑"，把通信网络看成传递信息的"神经系统"，那么传感器就是"感觉器官"。

2. RFID技术

RFID又称射频识别，俗称电子标签。通过射频信号自动识别对象并获取相关数据完成信息的自动采集工作。RFID为物体贴上电子标签，属于物联网重要的信息采集技术之一。

3. 嵌入式系统技术

嵌入式系统是综合了计算机软硬件、传感器技术、集成电路技术、电子应用技术为一体的复杂技术。经过几十年的演变，以嵌入式系统为特征的智能终端产品随处可见。小到人们身边的MP3，大到航天航空的卫星系统。

如果把物联网用人体做一个简单比喻，传感器相当于人的眼睛、鼻子、皮肤等感官，网络就是神经系统用来传递信息，嵌入式系统则是人的大脑，在接收到信息后要进行分类智能处理。这个比喻很形象地描述了传感器、嵌入式系统在物联网中的位置与作用。

📖 小知识：你知道什么是 NB-IoT 吗？

NB-IoT 是 narrow band internet of things（窄带物联网）的缩写，是万物互联网络的一个重要分支，是物联网领域的一个新兴技术。

NB-IoT技术
及其应用

3.4 网络安全

随着计算机网络被应用至人们工作和生活的各个角落，其安全问题也越来越受到人们的重视。小到个人隐私，大到国家机密，均需要人们投入大量精力来保障计算机网络安全。

3.4.1 网络安全的概念

网络安全指网络系统中的硬件、软件以及系统中的数据受到保护，不因偶然或恶意的原因而遭到破坏、更改、泄露，系统连续可靠、正常地运行，网络服务不中断。

网络安全包括：网络设备安全、网络软件安全和网络信息安全。

凡是涉及网络上信息保密性、完整性、可用性、可认证性、可控性和可审查性的相关理论和技术都是网络安全研究的范畴。具体介绍如下：

①保密性：确保信息不被泄露或呈现给非授权的人。

②完整性；信息在传输和存储的过程中不丢失、不被修改和破坏。

③可用性：确保合法用户不会无缘无故地被拒绝访问信息和资源。

④可认证性：包括对等实体认证和数据源点认证两个方面。

⑤可控性：对信息的内容及传播具有可控制力。

⑥可审查性：出安全问题时提供依据和手段。

3.4.2 网络安全的威胁

网络安全的威胁包括窃听、重传、伪造、篡改、非授权访问、拒绝服务攻击、行为否认、旁路控制、电磁/射频截获、人为疏忽。

随着计算机技术的飞速发展，信息网络已经成为社会发展的重要保证。有很多是敏感信息，甚至是国家机密。所以难免会吸引来自世界各地的各种人为攻击（例如信息泄露、信息窃取、数据篡改、数据删添、计算机病毒等）。同时，网络实体还要经受诸如水灾、火灾、地震、电磁辐射等方面的考验。

一般认为，目前网络存在的威胁主要表现在如下五个方面。

1. 非授权访问

没有预先经过同意就使用网络或计算机资源则被看作非授权访问，如有意避开系统访问控制机制对网络设备及资源进行非正常使用，或擅自扩大权限越权访问信息。非授权访问的主要形式为假冒、身份攻击、非法用户进入网络系统进行违法操作、合法用户以未授权方式进行操作等。

2. 信息泄露或丢失

指敏感数据在有意或无意中被泄露出去或丢失，通常包括信息在传输中丢失或泄露、信息在存储介质中丢失或泄露以及通过建立隐蔽隧道等窃取敏感信息等。如黑客利用电磁泄漏或搭线窃听等方式截获机密信息，或通过对信息流向、流量、通信频度和长度等参数的分析推测出有用信息，如用户口令、账号等重要信息。

3. 破坏数据完整性

以非法手段窃得数据的使用权，删除、修改、插入或重发某些重要信息，以取得有益于攻击者的响应；恶意添加、修改数据，以干扰用户的正常使用。

4. 拒绝服务攻击

它不断对网络服务系统进行干扰，改变其正常的作业流程，执行无关程序，使系统响应减慢甚至瘫痪，影响正常用户的使用，甚至使合法用户被排斥而不能进入计算机网络系统或不能得到相应的服务。

5. 利用网络传播病毒

通过网络传播计算机病毒的破坏性大大高于单机系统，而且用户很难防范。

3.4.3　网络安全技术

网络安全技术指致力于解决诸多如何有效进行介入控制，以及如何保证数据传输的安全性的技术手段，主要包括物理安全分析技术、网络结构安全分析技术、系统安全分析技术、管理安全分析技术，及其他的安全服务和安全机制策略等。

下面介绍如下几种技术：

1. 身份认证技术

身份认证技术就是对通信双方进行真实身份鉴别，是网络信息资源的第一道安全屏障，目的就是验证、辨识使用网络信息的用户的身份是否具有真实性和合法性。如果是合法用户将给予授权，使其能访问系统资源；如果用户不能通过识别，则无法访问系统资源。由此可知，身份认证在安全管理中是重要的、基础的安全服务。主要分为以下几类：

①生物认证技术。

②非生物认证技术。一般采用密码认证，这又分为动态密码和静态密码。

③多因素认证。

2. 访问控制技术

访问控制技术是指系统对用户身份及其所属的预先定义的策略组限制其使用数据资源能力的方法，通常被系统管理员用来控制用户对服务器、目录、文件等网络资源的访问。

访问控制的三要素：

主体（S）：提出访问资源具体请求，是某一操作动作的发起者，但不一定是动作的执行者，可以是某一用户，也可以是用户启动的进程、服务和设备等。

客体（O）：被访问资源的实体。所有被操作的信息、资源、对象等都可以是客体。客体可以是信息、文件、记录等集合体，也可以是网络上硬件设施、无线通信的终端，甚至可以包含另外一个客体。

控制策略（A）：主体对客体的相关访问规则的集合，即属性集合。访问策略体现了一种授权行为，也是客体对主体某些操作行为的默认。

3. 入侵检测技术

入侵检测是指"通过对行为、安全日志、审计数据或其他网络上可以获得的信息进行操作，检测到对系统的闯入或闯入的企图"，其作用包括威慑、检测、响应、损失情况评估、攻击预测和起诉支持。

进行入侵检测的软件与硬件的组合便是入侵检测系统（IDS）。IDS可被定义为对计算机和网络资源的恶意使用行为进行识别、监控、检测，发现可疑数据并及时采取相应处理措施的系统。

入侵检测是防火墙的合理补充。

①异常检测。基于行为的检测，其基本假设是入侵者的活动不同于正常主体的活动，是可区分的。

②特征检测。基于知识的检测和违规检测。这一检测的基本假设是具有能够精确地按某种方式编码的攻击，可以通过捕获攻击及重新整理，确认入侵活动是基于同一弱点进行攻击的入侵方法的变种。

它可以将已有的入侵方法检查出来，但对新的入侵方法无能为力。

③文件完整性检查。

4. 监控审计技术

通过对网络数据的采样和分析，实现了对网络用户的行为监测，并通过对主机日志和代理服务器日志等审计，对危害系统安全的行为进行记录并报警，以此提高网络安全防护水平。

常用的监控审计技术包括：

①日志审计。

②主机审计。

③网络审计。

5. 蜜罐技术

蜜罐技术是一种保障网络安全的重要手段。蜜罐包括两层含义：首先，要引诱攻击者，使其能够较为容易地找到网络漏洞，一个不易被攻击的蜜罐是没有意义的。其次，蜜罐不修补攻击所造成的损伤，从而最大可能地获得攻击者的信息。蜜罐在整个系统中扮演情报采集员的角色，故意引诱攻击，当入侵者得逞后，蜜罐会对攻击者进行详细分析。

▮ 习题

选择题

1. 在采用总线结构的计算机网络中，(   )。
   A. 所有的主机都有单独的互连通道
   B. 所有的主机均通过独立的线路连接到一个中心的交汇点上
   C. 所有的主机都通过相应的硬件接口连接到一个封闭的环上
   D. 所有的主机都通过相应的硬件接口连接在一根中心传输线上

2. 在树状结构的计算机网络中，(   )。
   A. 主机按级分层连接，处于越低层节点的主机可靠性要求越高
   B. 主机按级分层连接，处于越高层节点的主机可靠性要求越高
   C. 根节点对应于最底层的局域网
   D. 叶节点对应于最高层的连接全球的主干网

3. OSI 参考模型将计算机网络按功能(   )。
   A. 自顶而下划分为七个层次   B. 自顶而下划分为四个层次

  C. 自底而上划分为七个层次   D. 自底而上划分为四个层次

4. OSI参考模型的第三层为（ ）。

  A. 网络层   B. 会话层   C. 链路层   D. 传输层

5. 关于网络中的服务器，下面说法错误的是（ ）。

  A. 服务器能够提供网络资源和网络管理

  B. 服务器根据网络工作站提出的请求，对网络用户提供服务

  C. 服务器上一般要运行网络操作系统

  D. 服务器必须是一台高性能的计算机

6. 在物理层应用的网络互联设备是（ ）。

  A. 中继器   B. 路由器   C. 网桥   D. 网关

7. 无线局域网的英文缩写是（ ）。

  A. WLAN   B. VLAN   C. WIAN   D. VIAN

8. 计算机在网络中的浏览器-服务器工作模式是指（ ）。

  A. P2P模式   B. A/S模式   C. B/S模式   D. C/S模式

9. 在IPv6版本中，IP地址是由（ ）位二进制数组成的。

  A. 16   B. 32   C. 64   D. 128

10. 关于IP地址，下列说法正确的是（ ）。

  A. 在Internet中，不允许有两个设备具有同样的IP地址

  B. 在Internet中，可以有两个设备具有同样的IP地址

  C. 在Internet中，一般来说不能有两个设备具有同样的IP地址

  D. 在Internet中，两个设备具有同样IP地址时也能正常上网

11. Internet最初创建的目的是用于（ ）。

  A. 娱乐   B. 教育   C. 商业   D. 军事

12. 在用浏览器查询Web信息时，需要记录某一个主页的地址，最简单的方法是（ ）。

  A. 保存在一个文件中   B. 记录在本子上

  C. 放在浏览器的收藏夹中   D. 用记事本软件

13. （ ）是为用户提供Internet接入的服务提供商。

  A. ASP   B. ISP   C. JSP   D. PGP

14. 关于TCP/IP的说法正确的是（ ）。

  A. TCP/IP协议定义了如何对传输的信息进行分组

  B. IP协议是专门负责按地址在计算机之间传递信息

  C. TCP/IP协议包括传输控制和网际协议

  D. TCP/IP协议是一种计算机编程语言

15. 要实现网络通信必须具备三个条件，其中不包括（ ）。

  A. 网络接口卡   B. 网络协议

  C. 解压缩卡   D. 网络客户机-服务器程序

16. 写邮件时，除了发件人地址之外，还必须要填写的是（　　）。

    A. 信件内容　　　　B. 收件人地址　　　　C. 主题　　　　　　D. 抄送人地址

17. 计算机安全包括（　　）。

    A. 操作安全　　　　B. 物理安全　　　　C. 病毒防护　　　　D. 以上皆是

18. 以下有关对称密钥密码体系的安全性说法中不正确的是（　　）。

    A. 加密算法必须是足够强的，仅仅基于密文本身去解密在实践上是不可能做到的

    B. 加密的安全性依赖于密钥的秘密性

    C. 没有必要保护算法的秘密性，而需要保证密钥的秘密性

    D. 加密和解密算法需要保密

19. 下述（　　）不属于计算机病毒的特征。

    A. 传染性、隐蔽性　　　　　　　　　　B. 侵略性、破坏性

    C. 潜伏性、自灭性　　　　　　　　　　D. 破坏性、传染性

20. 以下有关加密的说法中不正确的是（　　）。

    A. 密钥密码体系的加密密钥与解密密钥使用相同的算法

    B. 公钥密码体系的加密密钥与解密密钥使用不同的密钥

    C. 公钥密码体系又称对称密钥体系

    D. 公钥密码体系又称不对称密钥体系

第4章

多媒体技术

本章要点:

- 多媒体基础知识。
- 音频处理技术。
- 图像处理技术。
- 动画处理技术。
- 视频处理技术。

多媒体技术是将电视的声音和图像功能、印刷业的排版印刷能力、计算机的人机交互能力、因特网的通信技术有机地融为一体,对信息进行加工处理后,再综合地表达出来。多媒体技术改善了信息的表达方式,使人们通过多种媒体得到实体化的形象。

▌4.1 多媒体基础知识

4.1.1 多媒体的形式与特征

1. 媒体的表现形式

"媒体"一词是日常生活和工作中经常用到的词汇,如人们经常把报纸、广播、电视等机构称为新闻媒体,报纸通过文字、广播通过声音、电视通过图像和声音来传送信息。信息需要借助于媒体进行传播,所以说媒体是信息的载体。但这只是狭义上的理解,媒体的概念和范围相当广泛,根据国际电信联盟(ITU)的定义,媒体可分为感觉媒体、表示媒体、显示媒体、存储媒体和传输媒体五大类,见表4-1。

表 4-1 媒体的表现形式

媒体类型	媒体特点	媒体形式	媒体实现方式
感觉媒体	人类感知环境的信息	视觉、听觉、触觉	文字、图形、声音、图像、视频等
表示媒体	信息的处理方式	计算机数据格式	图像编码、音频编码、视频编码等
显示媒体	信息的表达方式	输入、输出信息	数字照相机、显示器、打印机等
存储媒体	信息的存储方式	存取信息	内存、硬盘、光盘、U盘、纸张等
传输媒体	信息的传输方式	网络传输介质	电缆、光缆、电磁波等

人类利用视觉、听觉、触觉、味觉和嗅觉感受各种信息。其中，通过视觉得到的信息最多，其次是听觉和触觉，三者一起得到的信息，达到了人类感受到信息的95%。因此，感觉媒体是人们接收信息的主要来源，而多媒体技术则充分利用了这种优势。

2. 多媒体的定义

多媒体（multimedia）一词产生于20世纪80年代初，狭义上的"多媒体"，是指信息表示媒体的多样化。广义上的"多媒体"可以视为"多媒体技术"的同义词，这里的"多媒体"不是指多种媒体本身，而是指处理和应用它的一整套技术。

多媒体是利用计算机将文本、声音、图形、图像、动画和视频等多种媒体进行综合处理，使多种信息建立逻辑连接，集成为一个具有交互性的系统。

3. 多媒体的特征

（1）多样性

20世纪90年代以前的计算机以处理文本信息为主，目前的个人计算机绝大部分是多媒体计算机。计算机对自然状态下的文本、声音、图形、图像、视频等信息进行处理时，必须先对这些信息进行采样、量化、编码等处理，将它们转换成计算机能够接收的二进制数据。而以上处理的数据量非常之大，因此，多媒体技术目前主要研究和解决的问题是表示媒体的数据编码、压缩与解压缩。

（2）交互性

交互性指用户可以与计算机进行对话，从而为用户提供控制和使用信息的方式。通过交互过程，人们可以获得关心的信息，可以对某些事物的运动过程进行控制，可以满足用户的某些特殊要求。例如，影视节目播放中的快进与倒退、图像处理中的人物变形等。对一些娱乐性应用（如游戏），人们甚至还可以介入剧本编辑、人物修改之中，增加了用户的参与性。

（3）集成性

集成性包括三方面的含义：一是指多种信息形式的集成，即文本、声音、图像、视频信息形式的一体化；二是多媒体将各种单一的技术和设备集成在一个系统中，例如图像处理技术、音频处理技术、电视技术、通信技术等，通过多媒体技术集成为一个综合的系统，实现更高的应用目标，如电视会议系统、视频点播系统、虚拟现实（VR）系统等；三是对多种信息源的数字化集成，例如，可以将数字摄像机获取的视频图像存储在计算机硬盘中，也可以通过因特网向远程传输。

（4）实时性

实时性是指视频图像和声音必须保持同步性和连续性。实时性与时间密切相关，例如，视频播放时，画面不能出现动画感、马赛克等现象，声音与画面必须保持同步等。

4.1.2 多媒体信息的冗余性

1. 多媒体信息的数据量

数字化的图形、图像、视频、音频等多媒体信息数据量很大。下面分别以文本、图像、音频和视频等数字化信息为例，计算没有压缩的理论数据存储容量。

（1）文本的数据量

【例4-1】假设一张A4纸，每行可以印刷42个中文字符，一页可以印刷45行。如果将A4

纸张中的文字存储到计算机中，每个中文字符采用2字节存储（UCS-2编码），则这张A4纸张中字符编码存储空间为

$$S_{字符} = （每行中文字符数 \times 行数 \times 16\ bit）/ （8 \times 1\ 024）$$
$$= （42 \times 45 \times 16\ bit）/ （8 \times 1\ 024）$$
$$= 3.7\ KB$$

（2）图像的数据量

【例4-2】如果用扫描仪获取一张11英寸×8.5英寸（相当于A4纸张大小，1英寸 = 2.54 cm）的彩色照片输入计算机，扫描仪分辨率设为300 dpi（300点/英寸），扫描为24位RGB色彩深度，经扫描仪数字化后，未经压缩的图像存储空间为

$$S_{图像} = [（宽度 \times 分辨率）\times （高度 \times 分辨率）\times 色彩深度]/ （8 \times 1\ 024 \times 1\ 024）$$
$$= [（11英寸 \times 300\ dpi）\times （8.5英寸 \times 300\ dpi）\times 24\ bit]/ （8 \times 1\ 024 \times 1\ 024）$$
$$= 24\ MB$$

（3）音频的数据量

【例4-3】人们能够听到的最高声音频率为22 kHz，制作CD音乐时，采样频率为44.1 kHz，量化精度为32位。存储一首1 min未经压缩的立体声数字化音乐需要的存储空间为

$$S_{音频} = （采样频率 \times 量化位数 \times 声道数 \times 采样时间）/ （8 \times 1\ 024 \times 1\ 024）$$
$$= （44\ 100\ Hz \times 32\ bit \times 2 \times 60\ s）/ （8 \times 1\ 024 \times 1\ 024）$$
$$= 20.2\ MB/min$$

（4）视频的数据量

【例4-4】视频图像分辨率为1 280×720像素（高清视频），每秒显示30幅画面（帧频30 fps，即30帧/秒），色彩深度为24位，存储1 min未经压缩的视频图像，需要的存储空间为

$$S_{视频} = （水平分辨率 \times 垂直分辨率 \times 色彩深度 \times 帧频 \times 采样时间）/ （8 \times 1\ 024 \times 1\ 024）$$
$$= （1\ 280 \times 720像素 \times 24\ bit \times 30\ fps \times 60\ s）/ （8 \times 1\ 024 \times 1\ 024）$$
$$= 4\ 700\ MB/min$$

由以上分析可知，除文本信息的数据量较小外，其他多媒体信息的数据量都非常之大，因此多媒体信息的数据编码和压缩技术非常重要。

2. 多媒体信息的数据冗余

多媒体信息中存在着大量的数据冗余，数据冗余通常有以下几种情况：

（1）空间冗余

在很多图像数据中，像素之间在行、列方向上都有很大的相关性，相邻像素的值比较接近，或者完全相同，这种数据冗余称为空间冗余。例如，一幅图像中有一部分色块中的颜色是相同的（如墙壁），或者是比较接近的（如蓝天）。

（2）时间冗余

在视频图像序列中，相邻两幅画面的数据有许多共同的地方，这种数据的共同性称为时间冗余，可采用运动补偿算法来去掉冗余信息。

例如，运动视频一般为一组连续画面，其中的相邻画面往往包含了相同的背景和移动的物体，只不过移动物体所在的空间位置略有不同，所以后一帧画面的数据与前一帧的数据有许多

共同的地方，这种共同性是由于相邻帧记录了相邻时刻的同一场景画面。同理，语音数据中也存在着时间冗余。

（3）视觉冗余

人类的视觉系统由于受生理特性的限制，对于图像的注意是非均匀的，人对细微的颜色差异感觉不明显。

例如，人类视觉的一般分辨能力为26个亮度等级，而一般的图像的量化采用256亮度等级；人眼辨别能力与物体周围的背景亮度成反比，在高亮度区域，灰度值的量化可粗糙一些；人眼的视觉系统能把图像的边缘和非边缘区域分开处理；人眼的视觉系统是把视网膜上的图像分解成若干个空间有向的视频通道后再进行处理，压缩编码时把图像分解成符合这一规律的频率通道，可获得较大的压缩比。

人类的听觉对某些信号的反映不太敏感，使得压缩后再还原时即使有些细微的变化，人们也感觉不出来。

（4）结构冗余

在有些图像的纹理区域，图像的像素值存在着明显的分布模式。例如，在一幅表现服装的图片中，服装的纹理在某些区域中，有着明显的结构冗余。

（5）知识冗余

有许多图像的理解与某些先验知识有相当大的相关性，这里的知识是指某个感兴趣领域中的事实、概念和关系，这类规律性的结构可由知识和背景知识得到，称此类冗余为知识冗余。例如，人脸的图像有固定结构，如眼睛下方是鼻子，鼻子下方是嘴等；一段表现激烈运动的视频，画面总是有一些模糊；一张表现日出的图片光线总是逐渐变化的。

可以由已有知识对图像中的物体构造基本模型，创建具有各种特征的图像库。压缩编码时，只需要保存图像的一些特征参数。模型压缩编码主要利用了物体的一些特征。

4.1.3 多媒体信息压缩技术

可以通过数据压缩来消除原始数据中的冗余性，将它们转换成较短的数据序列，达到使数据存储空间减少的目的。在保证压缩后信息质量的前提下，压缩比（压缩比=压缩前数据的长度/压缩后数据的长度）越高越好。

1. 数据压缩基本技术

（1）无损压缩技术

无损压缩的基本原理是相同的信息只需要保存一次。例如，一幅蓝天白云的图像压缩时，首先会确定图像中哪些区域是相同的，哪些是不同的。蓝天中数据重复的图像就可以被压缩，只有蓝天的起始点和终止点需要记录下来。但是，蓝色可能还会有不同的深浅，天空有时也可能被树木、山峰或其他对象掩盖，这些部分的数据就需要另外记录。从本质上看，无损压缩的方法可以删除一些重复数据，大大减少图像的存储容量。

无损压缩的优点是可以完全恢复原始数据，而不引起任何数据失真。

根据目前的技术水平，无损压缩算法一般可以将文件的数据压缩到原来的1/2～1/4。而且无损压缩并不能减少数据的内存空间占用量，因为当从磁盘上读取压缩文件时，软件又会将丢失的数据用适当的数据填充进来。

（2）有损压缩技术

经过有损压缩的对象进行数据重构时，重构后的数据与原始数据不完全一致，是一种不可逆的压缩方式。例如，图像、视频、音频数据的压缩就可以采用有损压缩，因为其中包含的数据往往多于人们的视觉系统和听觉系统所能接收的信息，丢掉一些数据而不至于对声音或者图像所表达的意思产生误解，但可以大大提高压缩比。图像、视频、音频数据的压缩比可高达 $10:1\sim50:1$，可以大大减少在内存和磁盘中占用的空间。因此，多媒体信息压缩技术主要侧重于有损压缩技术的研究。

总的来说，有损压缩就是对声音、图像、视频等信息，通过有意丢弃一些对视听效果相对不太重要的细节数据进行信息压缩，这种压缩方法一般不会严重影响视听质量。

2. 常用压缩方法类型

多媒体技术常用的压缩方法如图4-1所示。LZW编码、LZ77编码和LZSS编码属于字典模型压缩算法，而RLE、哈夫曼编码和算术编码都属于统计模型压缩算法。前者与原始数据的排列次序有关，而与原始数据出现频率无关，后者则正好相反。这两类压缩方法的算法思想各有所长，相互补充。许多压缩软件结合了这两类算法。例如，WinRAR就采用了字典编码和哈夫曼编码算法。

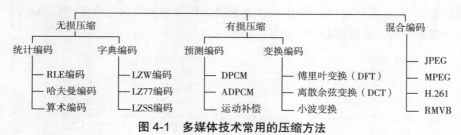

图 4-1　多媒体技术常用的压缩方法

（1）RLE编码原理

RLE（run-length encoding，行程长度编码又称游程编码）是对重复的数据序列用重复次数和单个数据值来代替，重复的次数称为"游程"。

RLE是一种变长编码。RLE用一个特殊标记字节来指示重复字符的开始，因此非重复节可以有任意长度而不被标记字节打断。标记字节应该是字符串中最少出现的符号（或许就不出现，如"@"）。RLE有不同的压缩编码方法，以产生更大的压缩比率。RLE编码方法如下：

标记字节	字符重复次数	字符

【例4-5】对文本字符串AAAAABACCCCBCCC，采用RLE编码后为@5ABA@4C B@3C。标记字节@说明重复字符的开始，@后面的数字表示字符重复的次数，数字后面是被重复字符；没有重复的字符采用直接编码，不需要标记字节。

RLE编码简单直观，编码和解码的速度快。尽管RLE算法的压缩效率非常低，还是得到了广泛应用。RLE编码适用于信源字符重复出现概率很高的情况。许多图形和视频文件（如BMP、TIF及AVI等），以及WinZip、WinRAR等压缩软件，经常会用到RLE编码方法。

（2）哈夫曼编码原理

哈夫曼（Huffman）编码的基本原理是：频繁使用的数据用较短的编码代替，较少使用的数据用较长的编码代替，每个数据的编码各不相同，而且编码长度是可变的。例如，在英文中，字母e、t、a的使用频率要大于字母z、q、x，在对字母进行编码时，可以用较短的编码表示常用字母，用较长的编码表示不常用字母，这样每一个字母都有唯一的编码。编码的长度是可变的，而不像ASCII码那样都用8位表示。

【例4-6】设输入的源文件由X1、X2、X3、X4、X5、X6、X7这7个字符组成（源文件字符大于7个），其中每个字符在文件中出现的概率分别是X1=0.1，X2=0.05，X3=0.2，X4=0.15，X5=0.15，X6=0.25，X7=0.1，试对文件中的每个字符进行哈夫曼编码。

哈夫曼编码步骤如下：

①将信源符号出现的概率按由大到小的顺序排序（见图4-2）。

②将概率小的两个符号组成一个结点，如P1、P2。

③将两个最小的概率进行组合相加，形成一个新的概率（如P1），将新出现的概率与未编码的字符一起重新排序（如P1与X4）。

④重复步骤②、③，直到出现的概率和为1.0（如根结点P6），形成哈夫曼"树"。

⑤代码分配。代码分配从根结点开始反向进行，对最后两个概率从上到下标上1（上支）或者0（下支），至于哪个为1哪个为0则无关紧要，因为结果仅仅是分配的代码不同，而代码的平均长度是相同的。在此过程中，如果概率不变则采用原代码。

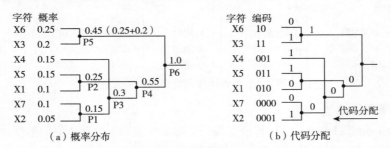

图4-2　哈夫曼编码树概率分布和代码分配

最终，文件中每个字符的哈夫曼编码为X1=010，X2=0001，X3=11，X4=001，X5=011，X6=10，X7=0000。

（3）字典编码原理

字典编码是最简单的压缩算法之一。这里的"字典"是指以前处理过的数据。它将文件中出现频率较多的单词或词汇组合成一个字典列表，并用特殊代码来表示这个单词。

人们在日常生活中经常使用字典压缩编码方法。例如，常常会说"奥运会""IBM""PC"之类的词汇，说者和听者都明白它们是指"奥林匹克运动会""国际商业机器公司""个人计算机"，这就是信息的压缩。人们之所以能够顺利地使用这种压缩方式而不产生语义上的误解，是因为在说者和听者心中都有一个事先定义好的缩略语字典，人们在对信息进行压缩（说）和解压缩（听）的过程中，都对字典进行了查询操作。字典压缩编码就是基于这一思路设计的。

字典压缩通常以标记来取代词组，如果标记的位数少于词组所需的位数，那么压缩就会产生。字典编码有两种实现方法：

第一种是查找正在压缩的字符序列是否在前面输入数据中出现过，如果是，则用指向早期出现过的字符串的"指针"替代重复的字符串。采用这类算法思想的有亚伯拉罕·朗佩尔和雅各布·齐夫在1977年发表的LZ77编码。改进算法是由斯托勒和希曼斯基在1982年开发的，称为LZSS编码。

第二种方法是从输入数据中创建一个"短语字典"。编码过程中遇到已经在字典中出现的"短语"时，编码器就输出这个字典中短语的"索引号"，而不是短语本身。亚伯拉罕·朗佩尔和雅各布·齐夫在1978年首次发表了这种编码方法的文章，称为LZ78编码。特里·韦尔奇在1984年改进了这种算法，因此称为LZW（Lempel-Ziv Welch）编码。

【例4-7】假设需要编码的原始信息为I am a Chinese people，I am from China。采用LZW编码的方法如下：

首先建立一个字典，字典中有三个条目（00=Chinese，01=People，02=China）。采用LZW编码压缩后的编码为I am a 00 01，I am from 02。可见压缩后编码的长度减小了。

目前流行的GIF、TIF等图像文件都采用了LZW编码算法；WinRAR、WinZip等压缩软件也是基于LZW编码实现的，微软公司的CAB压缩文件也采用了LZW编码。甚至许多硬件（如网络设备）中也采用了LZW编码算法。LZW编码广泛用于文本数据、程序和特殊应用场合的图像数据（如指纹图像、医学图像等）的压缩。

▌4.2　音频处理技术

声音是携带信息极其重要的媒体，是多媒体技术研究的一项重要内容。

声音有3个重要指标：

1. 振幅

振动物体离开平衡位置的最大距离称为振动的振幅，描述了物体振动幅度的大小和振动的强弱。声波的振幅体现为声音的大小。波形越高，音量越大；波形越低，音量越小。振幅在声波中的计量单位为dB。

2. 周期

周期是指声源完成一次振动，传递一个完整的波形所需要的时间。记作T，单位为s。

3. 频率

频率是单位时间内完成周期性变化的次数，单位是Hz。人耳听觉的频率范围为20 Hz ~ 20 kHz，超出这个范围的就不被人耳所察觉。低于20 Hz的为次声波，高于20 kHz的为超声波。声音的频率表现为音频的音调，频率越高，则声音的音调越高；频率越低，则声音的音调越低。可听的频率范围可分为以下几个阶段：

①低频 20 ~ 200 Hz。

②中低频 200 ~ 1 kHz。

③中高频 1 ~ 5 kHz。

④高频 5 ~ 20 kHz。

小知识：声音是怎样产生的？

声音是由物体振动产生的，声波是通过介质，如空气、固体或液体传播的，并能被人或动物听觉器官所感知的波动现象。声音分为三种不同的类型：语音、音乐和音效。声音是纵波，具有一般波的属性和行为，如反射、折射和衍射，这些特点有助于人们制造环绕立体声场。

声音的产生

4.2.1　常用音频文件格式

音频文件可分为波形文件（如WAV、MP3音乐）和音乐文件（如MIDI音乐）两大类，由于它们对自然声音记录方式的不同，文件大小与音频效果相差很大。波形文件通过录入设备录制原始声音，直接记录了真实声音的二进制采样数据，通常文件较大。

目前较流行的音频文件有CD、WAV、MP3、MIDI和WMA等。

1. CD格式

CD格式是一种音质比较高的音频格式，它的文件扩展名为.cda，标准的CD格式的采样频率是44.1 kHz，速率为88 kbit/s，量化位数为16。CD音轨是近似无损的，因此它的声音基本上是忠于原声的，如果用户是一个音响爱好者，那么CD会是首选，它会让用户感受到天籁之音。

2. WAV格式

WAV是微软公司和IBM公司共同开发的标准音频格式，具有很高的音质。未经压缩的WAV文件存储容量非常大，1 min CD音质的WAV格式的音乐文件大约占用10 MB存储空间。

3. MP3格式

MP3是指MPEG标准中的音频层，根据压缩质量和编码处理的不同分为3层，分别对应.MP1、.MP2、.MP3这三种音频文件。MP3压缩比高达10∶1～12∶1，同时基本保持低音部分不失真，但是牺牲了声音文件中12～16 kHz高音部分的质量，来换取文件尺寸的减小。MP3格式压缩音乐的采样频率有很多种，可以用64 kbit/s或更低的采样频率节省空间，也可以用320 kbit/s的标准达到极高的音质。MP3格式是因特网的主流音频格式。

4. MIDI格式

MIDI（musical instrument digital interface，乐器数字接口）是电子合成乐器的统一国际标准。MIDI音乐文件的扩展名为.MD。MIDI文件并不是录制好的声音，而是记录声音的信息，然后告诉声卡如何再现音乐的一组指令。MIDI文件中的指令包括：使用什么MIDI乐器、乐器的音色、声音的力度、声音持续时间的长短等。计算机将这些指令发送给声卡，声卡按照指令将声音合成出来。

MIDI音乐可以模拟上万种常见乐器的发音，唯独不能模拟人的声音，这是它最大的缺陷。其次，在不同的计算机中，由于音色库与音乐合成器的不同，MIDI音乐会有不同的音乐效果。另外，MIDI音乐缺乏重现真实自然声音的能力，电子音乐味道太浓。MIDI音乐主要用于电子乐器、手机等多媒体设备。MIDI音乐的优点是生成的文件非常小，例如，一首10 min的MIDI音乐文件只有几千字节大小。

由于MIDI文件存储的是命令，而不是声音数据，因此可以在计算机上利用音乐软件随时谱写和演奏电子音乐，而不需要乐队，甚至不需要用户演奏乐器。MIDI音乐大大降低了音乐创作者的工作量。

5. WMA格式

WMA（Windows media audio）格式来自微软，音质要强于MP3格式，它是以减少数据流量且保持音质的方式来达到比MP3格式压缩率更高的目的。WMA格式的压缩率一般可以达到1∶18，它可以通过特殊方案加入防复制保护，支持音频流技术，适合在网络上在线播放。

小知识 人耳的听觉效应

科学家对人的听觉机制进行探索研究时发现了一些特殊现象，其中，双耳效应、掩蔽效应、哈斯效应、多普勒效应、鸡尾酒会效应等听觉现象，对我们进行数字音频录音、制作、编辑和欣赏具有重要意义。

人耳的听觉
效应

4.2.2 常用音频处理软件

1. 多媒体音乐工作站的基本组成

在多媒体技术出现之前，作曲家在创作音乐时，不可能一面写乐谱一面听乐队演奏的实际效果。作曲家只有凭感觉在谱纸上写作，写完后交给乐队试奏，听了实际效果后再修改，直至定稿。作曲家一般借助钢琴来试听和声的效果，但这需要很好的钢琴演奏水平。而且在钢琴上无法试出乐器搭配的效果。例如，长笛和中提琴一起演奏是什么效果？贝斯加上一支长号再加一支英国管重叠起来是什么效果？这就只能凭经验了。而有了计算机音乐系统后，只需要将各种声音通过MIDI键盘或者传声器（俗称"话筒"），依次输入计算机中，然后利用音乐工作站软件就可以创作和演奏一部交响音乐了。

多媒体技术的出现，给音乐领域带来了一次深刻的革命。多媒体技术在音乐、电影、电视、戏剧等各方面都发挥着极重要的作用。现在软件在很多方面已经取代了过去那些笨重庞大而昂贵的音乐硬件设备。如果用户只是进行一些非音乐专业的音频处理工作，一台普通的计算机和普通的话筒就可以了。如果用户需要进行专业音乐创作，一台几千元的计算机接上一个MIDI键盘，再安装一些音乐制作软件，就可以进行计算机音乐的学习和创作了。简易音乐工作站系统组成如图4-3所示。

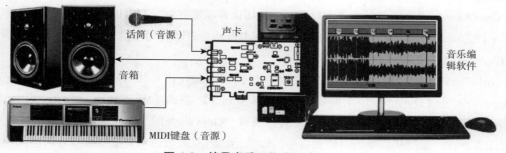

图4-3 简易音乐工作站系统组成

2. 多媒体音频处理软件

音频软件大致分为两大类：一类是音频处理软件；另一类是专业音乐工作站。

音频处理软件的主要功能有：音频文件格式转换，通过话筒现场录制声音文件，多音轨（一个音频一个声道）的音频编辑，音频片段的删除、插入、复制等，音频的消噪，音量加大/减小，音频淡入/淡出，音频特效等，对多音轨音频的混响处理等。音频处理软件的编辑功能很强大，但是音乐创作功能很弱，它主要用于非音乐专业人员。

音乐工作站除具有音频处理软件的所有功能外，它在音色选择、音量控制、力度控制、速度控制、节奏控制、声道调整、感情控制、滑音控制、持音控制等方面具有相当强大的功能。另外，还具有 MIDI 音乐输入/输出和编辑功能，强大的软件音源或硬件音源的处理功能，五线谱记谱、编辑、打印等功能。音乐工作站主要用于音乐专业人员。常用音频处理软件及功能见表4-2。

表 4-2　常用音频处理软件及功能

类型	软件名称	软件功能
音频处理软件	Adobe Audition	功能强大的音频处理软件。具有音频格式转换、现场录音、多音轨音频编辑、混响、特效等功能
	GoldWave	简单易用的音频处理软件。音频格式转换，现场录音，2 音轨音频编辑功能
	Accord CD Ripper	CD 音轨抓取工具。它可以将 CD 碟片上的音乐抓取出来，并保存为 MP3 等音频文件格式
	Free Audio Converter	音频格式转换软件。支持 MP3、WAV、M4A、AAC、WMA、OGG 等多种格式之间的相互换转
音乐工作站	Cakewalk Sonar	功能强大的专业音乐工作站软件
	Cubase SX	功能强大的专业音乐工作站软件
	作曲大师	专业音乐工作站软件

4.2.3　GoldWave 基本操作

1. GoldWave 的特性

GoldWave 是一个功能强大的音频处理软件，它可以对音乐进行播放、录制、编辑、增加特效以及文件格式转换等处理。GoldWave 是一个"绿色"软件，从网络下载软件压缩包后，将文件解压到某一个目录下，不需要安装，直接运行 GlodWave.exe 文件即可。如果系统曾经运行过 GoldWave，需打开 Windows 操作系统注册表中的 HKEY_CURRENT_USER\Software\GoldWave 项目并删除，否则可能无法使用 GoldWave 自带的各种音频效果预置功能。

2. GoldWave 的功能

GoldWave 有直观简单的中文用户界面，使用操作非常方便。它可以同时打开多个文件，简化了文件之间的操作。编辑较长的音乐时，GoldWave 会自动使用硬盘；而编辑较短的音乐时，GoldWave 就会在速度较快的内存中编辑。

GoldWave 自带了多种音频处理效果，如倒转（Invert）、回音（Echo）、摇动、边缘（Flange）、动态（Dynamic）、时间限制、增强（Strong）、扭曲（Warp）等。带有精密的过滤器（如降噪器和突变过滤器）可以帮助修复音频文件。GoldWave 的表达式求值程序在理论上可以制造任意声音，支持从简单的声调到复杂的过滤器。内置的表达式有电话拨号音的声调、波形和效果等。GoldWave 音频处理软件主界面如图4-4所示。

3. GoldWave 常用操作

如图 4-5 所示，GoldWave 中的常用操作如下：

图 4-4 GoldWave 音频处理软件主界面

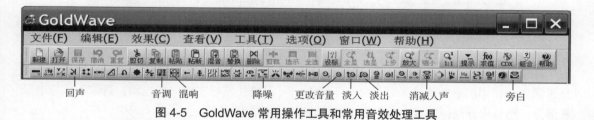

图 4-5 GoldWave 常用操作工具和常用音效处理工具

①新建：新建一个录音文件。

②打开：打开一个音频文件。

③撤销：当编辑音频文件不小心操作错了，单击"撤销"按钮可以返回上一步操作。

④重复：当撤销操作过头时，可单击"重复"按钮恢复上一步操作。

⑤删除：删除选中的音频部分（也可以按键盘的【Delete】键）。

⑥全显：显示音频文件所有波形。

4.2.4 GoldWave 处理案例

1. 应用 GoldWave 录制音乐文件

利用 GoldWave 录制音乐文件时，选择"文件"→"新建"命令，在打开的对话框（见图 4-6）中设置录音时间长度，单击"确定"按钮就新建了一个录音文件。

如图 4-7 所示，单击 GoldWave 录音控制器中的"录音"（红色圆点）按钮，就可以对着话筒开始录音了。在录音过程中，可以在 GoldWave 的音轨中看

图 4-6 录音参数设置

到录制声音包络线的变化，可以按"暂停"（双竖线）或"停止"（正方形）按钮，控制录音进程。

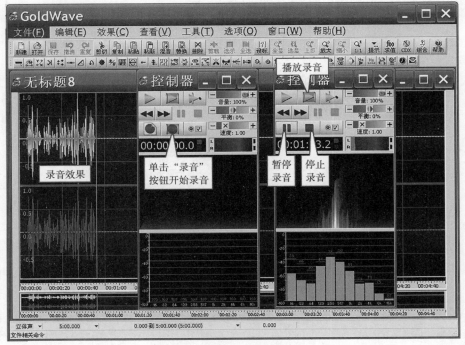

图 4-7　GoldWave 录音状态

音频录制过程中，可以随时按"暂停"按钮停止录音，然后按"播放"按钮回放音频，看是否满意，如果满意则继续录制；如果不满意，可以按住鼠标左键向右拖动，选取不满意的录音部分，然后松开鼠标左键，按键盘上的【Delete】键删除录音。

音频录制好后，按"停止"按钮，按住鼠标左键向右拖动，选取音轨右边没有录音的部分，然后松开鼠标左键，按键盘上的【Delete】键删除音轨空白部分。

选择"文件"→"另存为"命令，选择音频文件保存位置，输入文件名。需要注意的是，默认文件保存类型为"Wave（*.wav）"，wav音频文件由于没有压缩，文件会非常大，这时应当在文件类型列表中选择"MPEG音频（*.mp3）"文件类型，然后单击"保存"按钮。

在办公室用话筒录制的声音听起来非常单薄，声调低沉，音色钝而闷，无优美悦耳的感觉。这就需要将录制好的声音文件导入GoldWave软件中。首先编辑音频素材的各个参数，然后对音频素材使用音频滤镜的各种效果。在对声音文件添加效果的同时，对音量的大小、声音的淡入/淡出、混音、特效（如混响、降噪）等效果，经过处理后的声音，呈现出良好的声音效果。

2．应用GoldWave进行MP3音频编辑

①调入音频。启动GoldWave后，单击"打开"按钮，选择需要编辑的MP3音乐文件，然后单击"打开"按钮，这时MP3文件就载入到GoldWave的音轨中。在GoldWave中，音轨中的绿色和红色波形代表MP3音频的包络线。

②选择音频片段。如图4-8所示，在音轨任意位置单击（①），然后在音频片段结束处右击（②），在弹出的快捷菜单中选择"设置结束标记"命令（③），将光标移到音频片段起始或结束处，当光标变为双向移动箭头（④）时，按住鼠标左键，左右移动鼠标，就可以调整选择的音频片段区域。

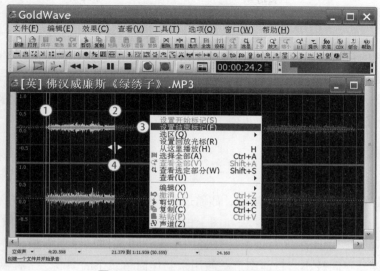

图 4-8　GoldWave 中音频片段选择

③音频片段删除。按以上方法选择好需要删除的音频区域，按【Delete】键，即可将选择的区域删除。

④音频片段复制。打开一个 mp3 格式的音乐文件，选择好需要复制的音频区域，按【Ctrl+C】组合键进行复制。选择"文件"→"新建"命令，新建一个空白音频文件，将光标移到需要新建音频文件插入处，单击，确定粘贴位置，按【Ctrl+V】组合键粘贴新音频文件，如图 4-9 所示。

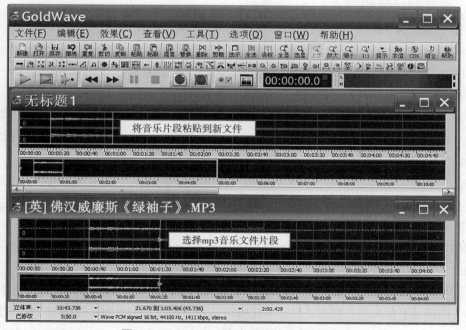

图 4-9　GoldWave 中音乐片段的复制粘贴

‖ 4.3　图像处理技术

人眼能识别的自然景象或图像是一种模拟信号。为了使计算机能够记录和处理图像、图形，必须首先使其数字化，数字化后的图像、图形称为数字图像、数字图形，一般也简称为图像、图形。图像、图形处理技术是多媒体技术中最主要应用之一，合理使用数字图形图像可以使多媒体作品具有直观的视觉效果，更便于对作品内容的理解。

4.3.1　图形和图像

1. 图形

图形通常是指由计算机绘制的画面，如通过点、线、面到三维空间的黑白或彩色几何图。在图形文件中记录着图形的生成算法和图上的某些特征点信息。图形可进行移动、旋转、缩放、扭曲等操作，并且在放大时不会失真。由于图形文件只保存算法和特征点信息，所以文件占用的存储空间较小。目前图形一般用来制作简单线条的图画、工程制图或卡通类的图案。

2. 图像

图像是由图像输入设备（如数字照相机、扫描仪等）采集的实际场景画面，也可以是数字化形式存储的任意画面。图像由排列成行列的像素点组成，计算机存储每个像素点的颜色信息，因此图像又称位图。图像显示时通过显卡合成显示，通常用于表现层次和色彩比较丰富，包含大量细节的图，一般数据量都较大。

4.3.2　图像的文件格式

1. JPEG图像

国际标准化组织（ISO）和国际电信联盟（ITU）共同成立的联合图片专家组（JPEG），于1991年提出了"多灰度静止图像的数字压缩编码"（简称JPEG标准）。这个标准适合于彩色和单色多灰度等级的图像进行压缩处理。

JPEG（joint photographic experts group，静态图像专家组）标准包含两部分：第一部分是无损压缩，采用差分脉冲编码调制（DPCM）的预测编码；第二部分是有损压缩，采用离散余弦变换（DCT）和哈夫曼（Huffman）编码。

JPEG算法的设计思想：恢复图像时不重建原始画面，而是生成与原始画面类似的图像，丢掉那些没有被注意到的颜色。JPEG利用了人眼的心理和生理特征及局限性，因而它非常适合真实景象的图像。对于非真实图像（如线条图或卡通图像等）JPEG压缩的效果并不理想。JPEG对图像的压缩比为20:1~25:1。

JPEG是可以将图像文件压缩到最小的格式。在Photoshop软件中，以JPEG格式存储图像文件时，提供0~10级压缩级别，其中0级压缩比最高，图像质量最差；即使采用图像细节几乎无损的10级质量保存时，图像文件压缩比也可达5:1。一个4.28 MB的BMP格式图像文件，采用JPEG格式保存时，文件大小仅为178 KB，压缩比达到了24:1。采用第8级压缩时，文件大小与图像质量可以得到最佳比例。

JPEG主要采用DCT编码，编码过程非常复杂，这里只作简单的介绍。在DCT编码过程中，首先将输入图像的RGB（红绿蓝）色彩空间转换为YUV（Y=亮度，U＝色调，V＝饱和度，又称YCbCr）色彩空间；然后重新采样，并分解为8×8大小的数据块；然后在8×8的图像子块中，Y数据不变，U每2×2个数据求平均后取平均值，V每2×1个数据求平均后取平均值（称为YUV421系统，压缩比1/3左右）；接下来对DCT系数进行量化，并将量化的DCT系数进行编码，其中直流系数（DC）使用差分脉冲编码调制（DPCM）进行编码；交流系数（AC）使用行程长度编码（RLE）进行编码，这样就完成了图像的压缩过程。

压缩后的图像在解码过程中，先对已量化的DCT系数进行解码，然后求逆量化，并将DCT系数转化为8×8样本图像块（使用二维DCT反变换），最后将完成后的块组合成一个单一的图像，这样就完成了图像的解压缩过程。

2. 点阵图像文件格式

点阵图像文件有很多通用的标准存储格式，如BMP、TIF、JPG、PNG、GIF等，这些图像文件格式标准是开放和免费的，这使得图像在计算机中的存储、处理、传输、交换和利用都极为方便，以上图像格式也可以相互转换。

（1）JPG格式

JPG图像可显示颜色数为2^{24}=16 777 216种，在保证图像质量的前提下，可获得较高的压缩比。由于JPG格式优异的性能，所以应用非常广泛，JPG格式也是因特网上的主流图像格式。

（2）BMP格式

BMP（位图）是Windows操作系统中最常用的图像文件格式，它有压缩和非压缩两类，常用的为非压缩文件。BMP格式的文件结构简单，形成的图像文件较大，最大优点是能被大多数软件接受。

（3）GIF格式

GIF（图形交换格式）是一种压缩图像存储格式，它采用无损LZW压缩方法，压缩比较高，文件很小。GIF是作为一个跨平台图形标准而开发的，与硬件无关。GIF包含87A和89A两种格式。GIF89A文件格式允许在一个文件中存储多个图像，因此可实现GIF动画功能。GIF还允许图像背景为透明属性。GIF图像文件格式是目前因特网上使用最频繁的文件格式，网上很多小动画都是GIF格式。GIF图像的色彩为2^{24}=16 777 216种，但是GIF使用8位调色板，因此在一幅图像中只能使用256种颜色，这会导致图像色彩层次感差，因此不能用于存储大幅的真彩色图像文件。

3. 矢量图形文件格式

矢量图形文件的格式很多，没有统一的标准。常见的矢量图形文件格式有：CDR（CorelDRAW）格式、IA（Illustrator）格式、DWG（AutoCAD）格式、3DS（3ds Max）格式、FLA（Flash动画）格式、VSD（微软公司Visio）格式、WMF（Windows中的图元文件）格式、EMF（微软公司Windows中32位扩展图元文件）格式等。点阵图像与矢量图形的区别如图4-10所示。

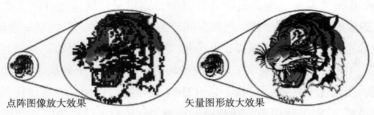

点阵图像放大效果　　　　　　矢量图形放大效果

图 4-10　点阵图像与矢量图形放大后的差别

4.3.3　3D 图形的处理技术

显示系统的主要功能是输出字符、2D（二维）图形、3D（三维）图形和视频图像。3D 图形（如 CAD 产品设计、3D 游戏等）的生成与处理过程非常复杂，3D 图形从设计到展现在屏幕上，需要经过以下步骤：场景设计→几何建模→纹理映射→灯光设置→摄影机控制→动画设计→渲染→后期合成→光栅处理→帧缓冲→信号输出等，3D 图形处理中最重要的工作是几何建模和渲染。

1. 几何建模

建模是动画设计师根据造型设计，利用三维建模软件在计算机中绘制出角色模型。这是三维动画中很繁重的一项工作，需要出场的角色和场景中出现的物体都要建模。通常使用的软件有 3ds Max、AutoCAD、Maya 等。

常用建模方式：一是多边形建模，它是将一个复杂的图形用一个个小三角面或四边形组接在一起表示；二是样条曲线建模，用几条样条曲线共同定义一个光滑的曲面，特性是平滑过渡性，不会产生陡边或皱纹；三是细分建模，这种建模不在于图形的精确性，而在于艺术性，如《侏罗纪公园》中的恐龙模型。

如图 4-11 所示，一个简单物体的多边形顶点只有十几个，而一个复杂模型的顶点有上万个，顶点越多模型越复杂，消耗的系统资源也就越多。例如，一个简单的人物模型有 5 000 多个多边形，一个复杂的人物模型会有多达 200 万个多边形。目前画面质量较好的 3D 游戏，一个场景大概有 500 万～600 万个多边形。

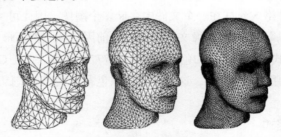

图 4-11　不同精度 3D 图形的几何建模

2. 渲染

渲染（render）是将 3D 模型和场景转变成一帧帧静止图片的过程。渲染时，计算机根据场景的设置、物体的材质和贴图、场景的灯光等要求，由程序绘制出一幅完整的画面。3D 图形的渲染如图 4-12 所示。

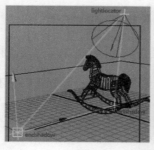

图 4-12　3D 图形的渲染

渲染由渲染器完成，渲染器有线扫描（line scan）方式、光线跟踪（ray tracing）方式以及辐射渲染（radiosity）方式等。渲染是一个相当耗时的过程，3D 模型做得越精细，渲染一帧的时间也就越长。《功夫熊猫》电影中，一帧画面的渲染耗时达 4 h，而 1 s 3D 动画需要 24 帧。较好的渲染器有 Softimage 公司的 Metal Ray 和 Pixar 公司的 Render Man。

3. 纹理映射（贴图）

早期计算机生成的 3D 图形，它们的表面看起来像一个发亮的塑料，缺乏各种纹理，如磨损、裂痕、指纹、污渍等，而这些纹理会增加 3D 物体的真实感。在计算机图形学中，纹理指表示物体表面细节的位图。

由于 3D 图像的纹理是简单的位图（材质），因此任何位图都可以映射在 3D 图形框架上。如图 4-13 所示，可以将一些青草、泥土和岩石的纹理位图，贴在山体图形框架的表面，这样山坡看起来就很真实。这种将纹理位图贴到物体框架表面的技术称为纹理映射（贴图）。纹理映射是显卡中 GPU 最繁忙的工作之一。

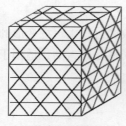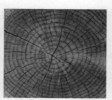

几何建模（矢量图）　　　材质 1（位图）　　　材质 2（位图）　　　纹理映射

图 4-13　3D 图形的纹理映射

4.3.4　图像处理软件

图像处理软件是用于处理数字图像的各种应用软件的总称，涉及图像编辑合成、设计、数码照片后期修复增强、图像分类管理等。专业的图像处理软件有 Adobe 公司的三大组件 Photoshop、Lightroom、Illustrator，Corel 公司的 CorelDraw，数码照片查看、管理及简单处理的 ACDSee 等，用于移动终端的 APP 图像处理软件美图秀秀、醒图等，图像在线设计网络平台创客贴、SOOGIF 等。根据图像的用途可选择适当的软件进行图像的合成、修复、颜色的调整、文字的设计及各种图像创意操作。

4.4 动画处理技术

动画（animation）是多幅按一定频率连续播放的静态图像。动画利用了人类眼睛的"视觉暂留效应"。人在看物体时，画面在人脑中大约要停留$\frac{1}{24}$s，如果每秒有24幅或更多画面进入大脑，那么人们在来不及忘记前一幅画面时，就看到了后一幅，形成了连续的影像。这就是动画的形成原理。

4.4.1 动画的分类

1. 根据动画的表现形式分

根据动画的表现形式，可将动画分为帧动画、矢量动画和变形动画几种类型。

帧动画是由多帧内容不同而又相互联系的画面，连续播放而形成的视觉效果。如图4-14所示，构成这种动画的基本单位是帧，人们在创作帧动画时需要将动画的每一帧描绘下来，然后将所有的帧排列并播放，工作量非常大。

| 帧1 | 帧2 | 帧3 | 帧4 | 帧5 | 帧6 | 帧7 |

图 4-14　2D 帧动画形式

矢量动画是一种纯粹的计算机动画形式。矢量动画可以对每个运动的物体分别进行设计，对每个对象的属性特征，如大小、形状、颜色等进行设置，然后由这些对象构成完整的帧画面。

变形动画是把一个物体从原来的形状改变成为另一种形状，在改变过程中，把变形的参考点和颜色有序地重新排列，就形成了变形动画。这种动画的效果有时候是惊人的，适用于场景的转换、特技处理等影视动画制作中。

2. 从空间的视觉效果上分

从空间的视觉效果上分，分为二维动画和三维动画。

二维动画以各种绘画形式作为表现手段，画出一张张不动的，但又逐渐变化着的动态画面，是平面上的画面。基于纸张平面、基于拍摄出来的照片平面或者运用计算机二维动画软件进行制作的动画画面，都可以被称为二维动画。

三维动画又称3D动画，是随着计算机软硬件技术的发展而产生的一项新兴技术。设计师运用三维动画软件模拟建立虚拟空间，建立要表现的对象模型和场景，再根据要求设定模型的运动轨迹、虚拟摄影机的运动和其他动画参数，布置灯光，按不同的角色要求为模型添加不同的材质和贴图，制作好动画后通过使用合适的渲染器渲染最后的动画。三维动画还可以用于广告、电影、电视剧的特效（如爆炸、烟雾、下雨、光效等）、特技（撞车、变形、虚幻场景）等制作。

动画是三维创作中最难的部分。如果说在建模时需要立体思维，渲染时需要美术修养，那么在动画设计时不但需要熟练的技术，还要有导演的能力。

3. 根据播放效果分

根据播放效果，分为顺序动画和交互式动画。

顺序动画又称连续动作动画，也称逐帧动画。逐帧（frame by frame）动画是一种常见的动画形式，其工作原理是指在"连续的关键帧"中分解动画动作，即在时间轴的每帧上逐帧绘制不同的内容，使其连续播放而形成的动画。由于逐帧动画的帧序列内容不同，修改工作量非常大，且最终输出的文件量也很大。其优点是具有很大的灵活性，几乎可以表现任何想表现的内容，很适合于表现细腻的动画。比如表现人物头发及衣服的飘动、急转身、走路、说话以及精致的3D效果等。

交互式动画是指播放动画作品时支持事件响应和具有交互功能的动画，即动画播放时画面中的某一个控件可以接受某种控制。这种控制是动画播放者临时的某种操作，或者是在动画制作时预先准备的操作。交互动画为使用者提供了参与和控制动画播放内容的手段，让使用者由被动接受变为主动选择。最常见的交互式动画即为Flash动画。

4.4.2 动画创作软件

二维动画软件包括Toonz Harlequin、TVPaint Animation、DigiCel FlipBook、USAnimation、Animate等软件。目前，Animate软件是中国使用最为广泛的二维动画软件，应用领域主要有娱乐短片、片头、广告、MTV、导航条、小游戏、产品展示、应用程序开发的界面、开发网络应用程序等。三维动画软件包括Softimage 3D、MAYA、3ds Max、ZBrush等多个软件。其中，3ds Max软件是目前世界上使用人数最多的软件之一。

1. 二维动画软件Animate

Adobe公司的Flash软件是一个在中国广为应用的动画创作工具。Adobe Animate CC由原Adobe Flash Professional CC更名得来，除维持原有Flash开发工具支持外，还新增了HTML5等创作工具。Animate CC是一款功能强大的动画制作软件，应用它可以设计制作出丰富的交互式矢量动画和位图动画，其制作的动画可以应用在动画影片、广告、教学和游戏等领域，并且可以将动画发布到计算机、电视、移动设备等多种平台上。Animate CC新增的HTML5创作功能可以创建出HTML5、CSS3和JavaScript相结合的交互式动画。Animate CC对HTML5 Canvas和WebGL等多种输出提供原生支持，并可以进行扩展，以支持Snap.svg等自定义格式。

2. 三维动画软件3ds Max

3D Studio Max（简称3ds Max），是美国Autodesk公司开发的三维物体建模和动画制作软件，具有强大、完美的三维建模功能，是当今世界上最流行的三维建模、动画制作及渲染软件之一，集三维建模、材质制作、灯光设定、摄影机使用、动画设置及渲染输出于一身，被广泛用于三维动画、影视制作、建筑设计、游戏开发、虚拟现实等领域。借助3ds Max三维建模和渲染软件，可以创造宏伟的动画世界，布置精彩绝伦的场景以实现设计可视化，并打造身临其境的虚拟现实体验。

3ds Max软件的特点包括以下几方面：

①面向对象的创作平台提供了友好的操作界面和直观简便的操作方式，使人们可以容易地

创作出专业级的三维图形和动画。

②具有无比强大的建模功能，提供了丰富的建模工具，包括基本建模和高级建模工具。前者用于构造长方体、圆球、圆柱和多边形等，后者用于制作山、水，以及不规则形体，如人体和动植物等。三维物体可以进行扭转、弯曲、缩放等变形操作，从而构建出更多、更复杂的三维物体。

③具有材质和贴图编辑器，可对整个对象或部分对象进行颜色、明暗、反射、透明度等编辑处理。

④具有丰富多彩的动画技巧，可以通过设置对象、摄影机、光源和路径等制作动画。

⑤具有多种特殊效果处理技术，例如淡入、淡出、模糊、光晕、云、雾和雨等，利用这些特殊效果处理，可以产生变幻莫测的神奇动画效果。

4.5 视频处理技术

视频按信号形式可分为模拟视频和数字视频。模拟视频如电视信号，如果使用计算机处理模拟视频，则首先通过视频采集卡将其转换成数字视频，这一过程称为模拟视频数字化。数字视频编辑方便，播放质量好，成本低，容易通过计算机网络进行传输。多媒体技术中的视频都是指数字视频。数字视频能够以不同的文件格式存储在计算机中，不同文件格式的数字视频占用磁盘空间的大小和播放的效果都不相同。

4.5.1 模拟视频的数字化

1. 模拟电视标准

国际上流行的视频标准有 NTSC（美国国家电视标准委员会）制式、PAL（隔行倒相）制式和 SECAM 制式，以及高清晰度彩色电视（HDTV）。

（1）NTSC 制式

NTSC 是 1952 年由美国国家电视标准委员会制定的彩色电视广播标准。NTSC 电视制式的主要特性是：每秒显示 30 帧画面；每帧画面水平扫描线为 525 条；一帧画面分成 2 场，每场 262 线；电视画面的长宽比为 4∶3，电影为 3∶2，高清晰度电视为 16∶9；采用隔行扫描方式，场频（垂直扫描频率）为 60 Hz，行频（水平扫描频率）为 15.75 kHz，信号类型为 YIQ（亮度、色度分量、色度分量）。

（2）PAL 制式

PAL 制式是德国在 1962 年制定的彩色电视广播标准。PAL 制式规定：每秒显示 25 帧画面，每帧水平扫描线为 625 条，水平分辨率为 240 ~ 400 个像素点，电视画面的长宽比为 4∶3，采用隔行扫描方式，场频（垂直扫描频率）为 50 Hz，行频（水平扫描频率）为 15.625 kHz，信号类型为 YUV（亮度、色度分量、色度分量）。

2. 模拟视频信号的数字化

NTSC 制式和 PAL 制式的电视是模拟信号，计算机要处理这些视频图像，必须进行数字化处理。模拟视频的数字化存在以下技术问题：电视采用 YUV 或 YIQ 信号方式，而计算机采用

RGB信号；电视画面是隔行扫描，计算机显示器大多采用逐行扫描；电视图像的分辨率与计算机显示器的分辨率不尽相同。因此，模拟电视信号的数字化工作，主要包括色彩空间转换、光栅扫描的转换以及分辨率的统一等。

模拟视频信号的数字化一般采用以下方法：

①复合数字化。这种方法是先用一个高速的模/数（A/D）转换器对电视信号进行数字化，然后在数字域中分离出亮度和色度信号，以获得YUV（PAL制式）分量或YIQ（NTSC制式）分量，最后再将它们转换成计算机能够接受的RGB色彩分量。

②分量数字化。先把模拟视频信号中的亮度和色度分离，得到YUV或YIQ分量，然后用三个模/数转换器对YUV或YIQ三个分量分别进行数字化，最后再转换成RGB色彩分量。

3. 视频信号采集方式

最常见的模拟视频信号采集方式是使用视频采集卡，配合相应的软件来采集录像带上的模拟视频素材。视频采集卡种类繁多，不同品牌、不同型号的视频采集卡的视频捕捉方法也不尽相同。如果是数字化视频，可以用软件进行视频片段截取。还可以利用屏幕抓图软件来记录屏幕的动态显示及鼠标操作，以获取视频素材。

4.5.2 MPEG视频压缩原理

1. MPEG动态图像压缩标准

运动图像专家组（MPEG）负责开发电视图像和音频的数据编码和解码标准，这个专家组开发的标准称为MPEG标准。到目前为止，已经开发和正在开发的MPEG标准有：MPEG-1、MPEG-2、MPEG-4等，见表4-3。MPEG算法除了对单幅视频图像进行编码压缩外（帧内压缩），还利用图像之间的相关特性消除了视频画面之间的图像冗余，大大提高了数字视频图像的压缩比。MPEG-2的压缩比可达到20∶1～50∶1。

表4-3　3种MPEG视频压缩标准的比较

技术指标	相关信息		
	MPEG-1	MPEG-2	MPEG-4
画面分辨率	PAL：352×288像素；NTSC：320×240像素	PAL：720×576像素；NTSC：720×480像素	可调
视频带宽	1～1.5 Mbit/s	4～8 Mbit/s	可调
应用	VCD	DVD、HDTV	网络视频
扩展名	MPG	MPG	MP4、AVI、WMV、MOV等
发布时间	1992年	1994年	1998年
压缩情况	120 min电影压缩为1.2 GB左右	120 min电影压缩为4～8 GB左右	高画质的小体积视频文件

MPEG-1视频的画面分辨率很低，只有352×240像素，每秒30幅画面（帧频），采用逐行扫描方式。MPEG-1广泛应用于VCD视频节目，以及MP3音乐节目。

MPEG-2标准不仅适用于光存储介质（DVD），也用于广播、通信和计算机领域。HDTV（高清晰度电视）也采用MPEG-2标准。MPEG-2的音频与MPEG-1兼容。

2．MPEG压缩算法原理

MPEG压缩算法基于运动补偿和离散余弦变换（DCT）算法。基本算法思想是：在一帧图像内（空间方向），数据压缩采用JPEG算法来去掉冗余信息；在连续地多帧图像之间（时间方向），数据压缩采用运动补偿算法来去掉冗余信息。

对于每秒25帧（30帧）的视频信号，相邻帧之间存在极强的相关性。据统计，256级灰度的黑白图像序列，帧间差值超过3的像素数不超过4%。所以在活动图像序列中，可以利用前面的帧来预测后面的帧，以实现数据压缩。帧间预测编码技术广泛应用于H.261、H.263、MPEG-1和MPEG-2等视频压缩标准。帧间预测编码有以下方法：

①帧重复。对于静止图像或活动很慢的图像，可以少传一些帧，如隔帧传输；未传输的帧，利用接收端的帧缓存中前一帧的数据作为该帧数据。

②帧间预测。不直接传送当前帧的像素值，而是传送画面像素与前一帧或后一帧对应像素之间的差值。

③运动补偿预测。活动图像序列中的一幅画面大致分为三个区域：一是背景区，相邻两个画面的背景区基本相同；二是运动物体区，它可以视为由前一幅画面某一区域的像素平移而成；三是暴露区，指物体运动后显露出来的曾被遮盖的背景区域。运动补偿预测就是将前一幅画面的背景区加平移后的运动物体区作为后一幅画面的预测值。

3．MPEG视频图像排列

为了保证图像质量基本不降低，而又能够获得较高的压缩比，MPEG将图像分为三种类型：帧内图像I（intra picture）、预测图像P（predicted picture）和双向预测图像B（bidirectional picture）。

帧内图像I包含内容完整的图像，它用于为其他图像帧的编码和解码作参考，因此也称为关键帧。I帧的压缩编码采用类似JPEG的压缩算法，I帧的压缩比相对较低。I帧图像提供了随机存取的插入点，I帧图像可作为B帧和P帧图像的预测参考帧。I帧周期性出现在视频图像序列中，出现频率可由编码器选择，一般为2 Hz。对于快速运动的视频图像，I帧的频率可以选择高一些，B帧的数量可以少一些；对于慢速运动的视频图像，I帧的频率可以低一些，而B帧的数量可以多一些，这样可保证视频图像的质量。

预测图像P利用相邻帧的统计信息进行预测。也就是说，它考虑运动特性，提供帧间编码。P帧预测当前帧与前面最近的I帧或P帧的差别，在预测中采用运动补偿算法，所以P帧图像的压缩比相对较高。

双向预测图像B是双向预测内插帧（又称双向插值帧），它利用已传输的I帧或P帧作预测参考帧，进行前向运动补偿预测；又用后面的P帧作预测参考帧，进行后向运动补偿预测。但B帧不能用来作为对其他帧进行运动补偿预测的参考帧。

一个典型的NTSC制式MPEG视频图像帧显示排列如图4-15所示。

图 4-15　典型的 NTSC 制式 MPEG 视频图像帧显示排列

4.5.3　常用视频文件格式

为了适应存储视频的需要，人们设计了不同的视频文件格式，将视频和音频放在一个文件中，以方便同时回放。

1. AVI格式

AVI（audio video interleaved，音频视频交错）是一种数字音频和视频文件格式，1992年由微软公司推出。在AVI文件中，运动图像和伴音数据以交错的方式存储，并独立于硬件设备。按交错方式组织音频和视频数据，使得读取视频数据流时能更有效地从存储介质中得到连续的信息。构成AVI文件的主要参数包括视频参数、伴音参数和压缩参数等。

AVI文件格式简单，它最大的优点就是兼容好，调用方便，而且图像质量好。但它的缺点也十分明显，即体积大。根据不同的应用要求，AVI的分辨率可以随意调整，窗口越大，文件数据量也就越大。降低分辨率可以大幅度减小它的体积，但图像质量必然受损。而且AVI只能有一个视频轨道和一个音频轨道，还可以有一些附加轨道，如文字等。AVI格式不提供任何控制功能。

2. MPEG格式

MPEG是国际标准化组织（ISO）认可的媒体封装形式，受到大部分机器的支持。MPEG有多种存储格式，文件扩展名为DAT（VCD）、VOB（DVD）、MPG、MP4等。MPEG的控制功能丰富，可以有多个视频、音轨、字幕等。

3. RMVB格式

RMVB（real media variable bit，可变比特率）是Real Networks公司开发的视频文件格式。它具有一定的交互功能，允许编写脚本进行控制播放。RMVB格式制作起来较H.264视频格式简单，非常受到网络视频发布者的欢迎。RMVB最大的贡献是首先采用了流媒体技术。流媒体文件可以实现即时播放，即先从网络服务器下载一部分视频或音频文件，形成视频流缓冲区后实时播放，同时继续下载，为接下来的播放做好准备。这种"边传边播"的方法避免了用户必须将整个文件从Internet上全部下载完毕才能观看的缺点，因而特别适合在线视频播放。RMVB具有小体积而又比较清晰的特点，因此多用于在低速率网络上实时传输视频。

4. FLV格式

FLV（flash video）是由Adobe Flash延伸出来的一种流行网络视频封装格式。随着视频网站的丰富，这个格式已经非常普及。

5. MOV格式

MOV是苹果公司开发的QuickTime视频文件格式，1998年国际标准化组织（ISO）认可QuickTime文件作为MPEG-4标准的基础。MOV文件可存储的内容相当丰富，除了视频、音频以外，还支持图片、文字（文本字幕）等。

4.5.4　视频制作软件

视频制作软件是完成视频信息编辑、处理的工具，通过这类软件，人们可以对各种音频、视频素材进行剪辑、拼接，混合成一段可用的视频，并添加字幕以及多种特技效果，完成对数字视频的非线性编辑。

　　视频制作软件其实是对图片、视频、音频等素材进行重组编码工作的多媒体软件。视频制作软件的重要技术特征包括：具有图片转换为视频的技术、优秀专业的视频制作功能，以及能够为原始图片添加各种多媒体素材，实现制作出的视频图文并茂。例如，为图片配音乐、添加字幕效果、制作各种过渡转场特效等。而软件功能的强弱，则往往体现在特效处理方面。

　　视频制作软件种类很多，入门级别的有 Windows Movie Maker、爱剪辑、数码大师等软件，功能简单。专业级别的有 Adobe Premiere、Vegas Movie Studio、Adobe After Effects 等。

　　其中，Adobe Premiere 是 Adobe 公司推出的专业级视音频非线性编辑软件，集采集、编辑、合成等功能于一身，能对视频、音频、动画、图片、文本进行编辑加工，最终生成视频文件。Premiere 能够配合多种视频卡进行实时视频捕获和视频输出，使用多轨的影像与声音合成剪辑方式来制作多种动态影像格式的影片，操作界面丰富，能够满足专业化的剪辑需求。还可以和其他 Adobe 软件高效集成，满足用户创建高质量作品的要求，其广泛应用于电视节目编辑、广告制作、电影剪辑和 Web 等领域。Adobe Premiere 以专业、简洁、方便、实用的特点，以及编辑方式简便实用、对素材格式支持广泛、高效的元数据流程等优势，成为当今使用最广泛的专业视频编辑软件，得到众多视频编辑工作者和爱好者的青睐。

▌习题

一、填空题

1. 视觉、听觉、触觉三者一起得到的信息，达到了人类感受到信息的＿＿＿＿＿＿＿＿＿%。

2. ＿＿＿＿＿＿＿＿＿媒体是人们接收信息的主要来源。

3. 计算机对自然信息进行处理时，必须先进行采样、量化、＿＿＿＿＿＿＿＿等处理。

4. 目前多媒体技术主要研究和解决表示媒体的数据编码、＿＿＿＿＿＿＿＿＿。

5. ＿＿＿＿＿＿＿＿＿指用户可以与计算机进行对话。

6. 多媒体的实时性指视频和声音必须保持同步性和＿＿＿＿＿＿＿＿＿。

7. 人类视觉的一般分辨能力为＿＿＿＿＿＿＿＿＿个亮度等级。

8. 无损压缩的基本原理是相同的信息只需要保存＿＿＿＿＿＿＿＿＿次。

9. 无损压缩一般可以将文件的数据压缩到原来的＿＿＿＿＿＿＿＿＿左右。

10. 有损压缩进行数据重构时，重构后的数据与＿＿＿＿＿＿＿＿＿数据不完全一致。

11. 图像、视频、音频数据的有损压缩比高达＿＿＿＿＿＿＿＿＿。

12. 多媒体信息编码技术主要侧重于＿＿＿＿＿＿＿＿＿编码的研究。

13. ＿＿＿＿＿＿＿＿＿就是有意丢弃一些对视听效果不太重要的细节数据。

14. WinRAR 压缩软件采用了＿＿＿＿＿＿＿＿＿和哈夫曼编码压缩算法。

15. ＿＿＿＿＿＿＿＿＿是电子合成乐器的统一国际标准。

16. MIDI 文件存储的是＿＿＿＿＿＿＿＿＿，而不是声音数据。

17. 将纹理位图贴到物体框架表面的技术称为＿＿＿＿＿＿＿＿＿。

18. ＿＿＿＿＿＿＿＿＿是多幅按一定频率连续播放的静态图像。

二、简答题

1. 国际电信联盟（ITU）定义了哪些媒体？

2. 50万字的教材，如果只保存文本数据，存储容量有多大？

3. 多媒体信息有哪些数据冗余现象？

4. 简要说明哈夫曼编码的基本原理。

5. 简要说明JPEG算法的设计思想。

应 用 篇

第 5 章

WPS 文字处理

本章要点:

- 文档的创建与编辑。
- 字符与段落的修饰。
- 页面设置与打印输出。
- 表格与图文混排。
- 长文档的编排。

WPS 文字是一款文字处理软件,主要用于制作公文、报告、学术论文等各种图文类办公文档,是 WPS Office 办公软件套装的重要组件之一。本章主要介绍使用 WPS 文字进行文档的制作、排版、打印输出及表格、图片等对象的处理,帮助读者掌握办公文档的基本操作,从而制作出图文并茂、赏心悦目,并具有一定专业水准的文档。

小知识:WPS 之父

求伯君,男,1964 年 11 月 26 日出生于浙江省绍兴市新昌县,毕业于中国人民解放军国防科技大学,金山软件股份有限公司创始人之一,有"中国第一程序员"之称。2000 年,求伯君当选 CCTV 中国十大经济年度人物。

▌ 5.1 文档的创建与编辑

5.1.1 WPS 文字简介

WPS 是英文 word processing system(文字处理系统)的缩写,WPS 文字是目前应用比较广泛的文字处理软件之一,它集编辑与打印为一体,具有丰富的全屏幕编辑功能,而且还提供了各种控制输出格式及打印功能,使打印出的文稿既美观又规范,基本上能满足各界文字工作者编辑、打印各种文件的需要和要求。WPS 文字可以创建和制作具有专业水准的文档,如学习计划表、毕业论文、简历、公司简介、产品介绍、应聘简章等。

WPS 文字内存占用低,适用大多数操作系统,包括 Windows 7、Windows Vista、Windows

10等。WPS文字具有强大的平台支持，不但可以在Windows系统下运行，也可以在其他系统下运行，甚至可以在移动端运行。

WPS文字的工作界面如图5-1所示。

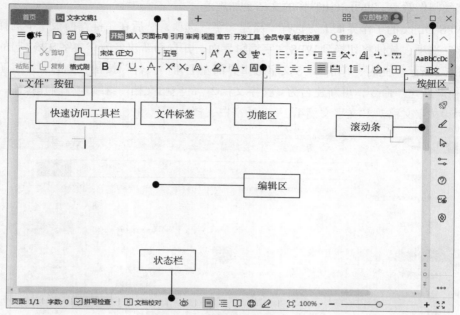

图 5-1　WPS 文字的工作界面

下面对WPS文字工作界面的主要组成部分进行简要介绍。

"标题"选项卡："标题"选项卡用于显示文档名称。

"文件"按钮："文件"按钮是WPS Office的通用按钮，用于文档、表格和演示文稿的新建、打开、保存、输出、打印等操作。该按钮右侧的下拉按钮则用于执行当前文档的新建、打开、保存、打印等操作，同时包含编辑、插入、格式等基本命令。

功能选项卡：单击其中任一功能选项卡可打开对应的功能区，单击其他功能选项卡可切换到相应的功能区，每个功能选项卡中包含了相应的功能。

功能区：功能区与功能选项卡是对应的关系，单击某个功能选项卡即可展开相应的功能区。功能区中有许多自动适应窗口大小的工具栏，每个工具栏为用户提供了相应的功能区，包含了不同的按钮或下拉列表框等。

文档编辑区：文档编辑区即输入与编辑文本的区域，对文本进行的各种操作结果都显示在该区域。

状态栏：状态栏主要用于显示当前文档的工作状态，如当前页数、字数、输入状态等，右侧依次显示视图切换按钮和显示比例调节滑块。

5.1.2　WPS文档的基本操作

WPS文档的基本操作包括新建文档、打开文档、保存文档、关闭文档、保护文档、多文档和多窗口的编辑等，下面进行详细介绍。

1. 新建文档

WPS文字中提供了一些常用的文档模板，如果需要制作的文档在WPS文字中有模板，那么就可根据模板新建有内容或格式的文档，然后根据需要修改和编辑文档内容，这样不仅可以提高文档的制作效率，也可以让制作的文档更加规范。

在WPS Office的工作界面上方选择"新建文字"选项，然后在"推荐模板"中选择"新建空白文字"选项，软件将切换到WPS文字编辑界面，并自动新建名为"文字文稿1"的空白文档，如图5-2所示。此时，单击WPS文字编辑界面左上角"文件"按钮右侧的下拉按钮，选择"文件"→"新建"命令，可新建名为"文字文稿2"的空白文档。继续执行新建操作，可依次新建名为"文字文稿3""文字文稿4"……的空白文档。

图 5-2　新建文档

2. 打开文档

打开WPS文档主要有以下三种方法：

①打开保存WPS文档的路径，在计算机窗口中，双击该WPS文档的文件图标。

②选择"文件"→"打开"命令，或按【Ctrl+O】组合键。打开"打开文件"对话框。在其中选择文档保存路径，然后选择所需文档，单击"打开"按钮。

③在计算机窗口中，选择需要打开的文档，按住鼠标左键不放，将其拖动到WPS文字编辑界面的标题栏后释放鼠标左键。

3. 保存文档

文档编辑完成后需要保存，在文档的编辑过程中为避免意外造成的文档丢失，建议在编辑的过程中及时保存文档。文档的保存有以下三种情况。

（1）新建文档的保存

对于新建的文档，可以直接单击快速访问工具栏中的"保存"按钮，在WPS文字编辑界面中选择"文件"→"保存"命令，或者按【Ctrl+S】组合键，打开"另存文件"对话框，在

"位置"栏中选择文件的保存路径，在"文件名"下拉列表框中输入文件名称，单击"保存"按钮即可完成保存操作，如图5-3所示。

图 5-3　保存 WPS 文档

（2）对已有的文档进行修改并保存

在这种情况下，直接单击快速访问工具栏中的"保存"按钮，或者按【Ctrl+S】组合键进行保存。

（3）将已有的文档保存到其他路径

在这种情况下，选择"文件"→"另存为"命令，打开"另存文件"对话框，在"位置"栏中选择文档的保存路径，在"文件名"下拉列表框中设置文件的保存名称，完成后单击"保存"按钮即可。

4. 关闭文档

在WPS文字中，既可以单独关闭一个文档，也可以同时关闭多个文档。

（1）关闭单个文档

在WPS文字工作界面的文件标签中显示了已打开的文档，在需要关闭的文档标签上单击"关闭"按钮，即可关闭文档。

（2）同时关闭多个文档

单击WPS文字工作界面按钮区中的"关闭"按钮，可关闭当前打开的所有文档，并退出WPS文字软件。

5. 保护文档

对于非常重要的、不希望他人查看和修改内容的文档，可以为文档设置密码，使文档只能被知道密码的用户打开或编辑。

WPS文字提供了文档加密的功能，可以很好地保护文档，防止被恶意篡改。文档加密的具体操作方法：在WPS文字编辑界面中选择"文件"→"文档加密"命令，在打开的界面中设置文档权限或密码加密。其中，文档权限功能可以将文档设为私密保护样式，开启私密保护后，只有登录账号后才能查看和编辑文档，也可以添加指定人，这样只有设置为指定人后才可以查看和编辑文档。选择"文件"→"文档加密"→"密码加密"命令，可以在打开的界面中设置权限密码以及编辑权限密码，如图5-4所示。需要注意，密码一旦遗忘无法恢复，需要妥善保管密码。

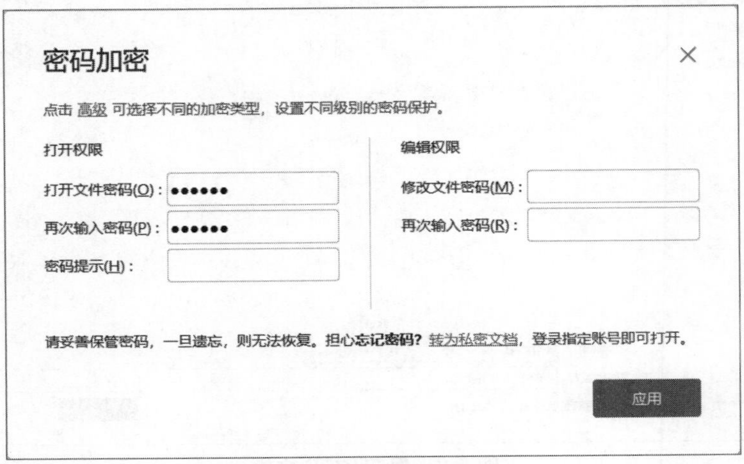

图 5-4   设置密码加密

6．多文档和多窗口的编辑

WPS文字将文档以标签形式排列在工作界面中，用户单击"标题"选项卡中的文档名称即可在不同的文档间切换，实现在同一个界面中编辑多个文档的操作。

若用户想对比编辑两个文档，可以单击"视图"选项卡中的"并排比较"按钮，在打开的"并排窗口"对话框中选择要比较的文档，将两个文档显示在一个窗口中进行比较和编辑。

5.1.3   编辑文本

在编辑文本时，除了在文档中输入文本，往往还需要对文本进行选择、插入、删除、复制、剪切等操作。

1．输入文本

输入文本是WPS文字中最常见的操作。常见的文本内容包括基本文本、特殊符号、时间和日期等。另外，对文本进行编辑前需先选择文本。

（1）输入基本文本

在WPS中输入基本文本的方法较简单，将鼠标指针移动到需要插入文本的位置，双击鼠标左键，在该位置会出现一个闪烁的光标，输入文本即可。

（2）输入特殊字符

在制作文档的过程中，难免会需要输入一些特殊的图形符号以使文档更加丰富美观。一般的符号可通过键盘直接输入，但一些特殊的图形化符号却不能直接输入，如☆、口等，输入这些图形符号可打开"符号"对话框，在其中选择相应的类别，找到需要的符号选项后插入。

【例5-1】在文档中插入特殊符号"⊠"。

步骤1将插入点移动到要插入符号的位置，在"插入"选项卡中单击"符号"下拉按钮，在打开的下拉列表中选择"其他符号"选项。

步骤2打开"符号"对话框，在"字体"下拉列表中选择Wingdings字体。

步骤3在对话框中选择所需的符号"⊠"选项，单击"插入"按钮，然后单击"关闭"按钮，如图5-5所示。

图 5-5　选择特殊符号

（3）输入日期和时间

在文档中可以通过中文和数字的结合直接输入日期和时间，也可以通过选择"插入"→"日期"命令快速输入当前的日期和时间。

【例5-2】在文档中插入日期。

步骤1打开需要插入日期的WPS文档。

步骤2将光标移到需要添加日期的位置，选择"插入"→"日期"命令。

步骤3弹出"日期和时间"对话框。可以根据自己的需求选择需要的日期格式，单击"确定"按钮，如图5-6所示。

图 5-6　"日期和时间"对话框

2．选择文本

当需要对文档内容进行修改、删除、移动与复制等编辑操作时，必须先选择要编辑的文本。选择文本主要包括选择任意文本、选择一行文本、选择一段文本、选择整篇文档等，具体方法如下：

①选择任意文本：选择单个文字和词组，可以采用直接拖动鼠标进行选择的方法。

②选择一行文本：如果要选择一整行的文本，只需将鼠标光标移到选定行的左侧空白处，当鼠标指针变为指向右上方的箭头时，单击左键即可选中该行文字。

③选择一段文本：如果选择一段文本，只需将鼠标移到段落左侧的空白区域，当光标变成反向箭头时双击鼠标左键即可。

④选择整篇文档：如果选择整篇文档时，用户只需要将鼠标光标移到文档左侧的空白区域，当鼠标指针变为指向右上方的箭头时，连续单击三次即可选中整篇文档。

3．插入与删除文本

将光标定位至文档后，光标将呈不断闪烁的状态，表示当前文档处于插入状态，可直接在插入点处输入文本，该处文本后面的内容将随光标自动向后移动。如果文档中输入了多余或重复的文本，可使用删除操作将不需要的文本从文档中删除。

①需要删除光标定位的位置前面的文本，可按下【Backspace】键进行点按删除，或者选择需要删除的文本，按【Backspace】键即可删除选择的文本。

②需要删除光标定位的位置后面的文本，可按下【Delete】键进行点按删除，或者选择需要删除的文本，按【Delete】键即可删除选择的文本。

③快速删除文本。选定需要删除的文本后，按【Backspace】键或【Ctrl+X】组合键剪切文本即可。

4．复制与剪切文本

在编辑文稿时，只有在选定文本、文字块的前提下，才能做剪切、复制和粘贴等操作。若要输入重复的内容或者将文本从一个位置移动到另一个位置，可使用复制或剪切功能来完成。

（1）复制文本

复制是指将当前选定的内容复制到系统的剪贴板中，再粘贴到文件的另一位置。而被选定的内容还继续保留在原位置的文件中。选择需要复制的文本，右击，在弹出的快捷菜单中选择"复制"命令，然后将光标定位到目标位置后右击，在弹出的快捷菜单中选择"粘贴"命令，即可实现文本的复制。"复制"的组合键是【Ctrl+C】，"粘贴"的组合键是【Ctrl+V】。

（2）剪切文本

剪切是指将当前选定的内容从文件中剪掉（清除），并将被剪下的内容暂时保存在"剪贴板"中，必要时还可以粘贴到其他位置去。选择需要剪切的文本，右击，在弹出的快捷菜单中选择"剪切"命令，然后将光标定位到目标位置后右击，在弹出的快捷菜单中选择"粘贴"命令，即可实现文本的移动。"剪切"的组合键是【Ctrl+X】。

5．查找与替换文本

查找与替换是文字处理软件最常用的功能之一。灵活运用查找与替换功能，不仅可以提升工作效率，还可以帮用户完成一些"不可完成"的任务。

当需要批量修改文档中的某些文本时，可使用查找与替换功能。这样不仅效率高，而且可以避免遗漏。

（1）查找文本

将光标定位到文档开始处，在"开始"选项卡中单击"查找替换"按钮，或按【Ctrl+F】组合键，打开"查找和替换"对话框，如图5-7所示。在"查找内容"文本框中输入需要查找的内容。

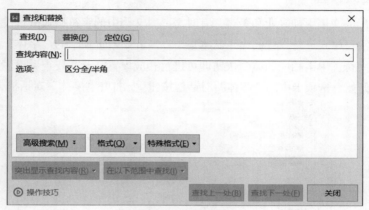

图5-7 查找文本

（2）替换文本

将光标定位到文档开始处，在"开始"选项卡中单击"查找替换"按钮，打开"查找和替换"对话框，切换至"替换"选项卡，如图5-8所示。分别在对话框的"查找内容"和"替换为"文本框中输入内容。

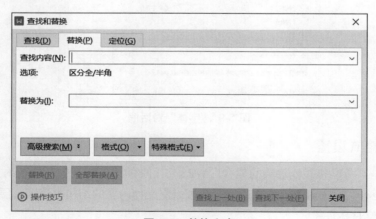

图5-8 替换文本

6. 撤销与恢复操作

WPS文字有自动记录功能，可撤销已执行的操作，也可恢复被撤销的操作。

①单击快速访问工具栏中的"撤销"按钮，或按【Ctrl+Z】组合键，可撤销上一步的操作。

②单击快速访问工具栏中的"恢复"按钮，或按【Ctrl+Y】组合键，可将文档恢复到"撤销"操作前的效果。

5.2 字符与段落的修饰

在编辑文档时，除了在文档中输入内容，往往还需要对输入内容的格式进行设置，使文档更加美观。对文档中内容的格式设置，包括字符格式设置、段落格式设置、设置项目符号和编号，以及应用格式刷、设置首字下沉等。

5.2.1 字符格式设置

为了使制作出的文档更加专业和美观，有时需要对文档中的字符格式进行设置，如字体、字号、颜色等。对字符格式进行设置的命令基本集中在"开始"选项卡的"字体"功能区中。选中需要设置格式的字符，单击相应的命令按钮即可进行相应设置。若需要查看更多关于字符设置的命令，可单击"开始"选项卡中的"字体"对话框按钮 ，打开"字体"对话框，如图5-9所示。

图5-9 "字体"对话框

5.2.2 段落格式设置

段落是文本、图形和其他对象的集合。WPS文字中的段落格式包括段落对齐方式、缩进、行间距和段间距等，通过对段落格式进行设置可以使文档内容的结构更清晰、层次更分明。

1. 设置段落对齐方式

段落对齐方式主要包括左对齐（快捷键【Ctrl+L】）、居中对齐（快捷键【Ctrl+E】）、右对齐（快捷键【Ctrl+R】）、两端对齐（快捷键【Ctrl+J】）、分散对齐（快捷键【Ctrl+Shift+J】）5种。

其设置方法有以下三种：

①选中要设置的段落，单击"开始"选项卡"段落"功能区中相应的对齐按钮，即可设置段落的对齐方式。

②选择要设置的段落，在浮动工具栏中单击相应的对齐按钮，可以设置段落对齐方式。

③选择要设置的段落，单击"开始"选项卡中的"段落"对话框按钮 ，打开"段落"对话框，在该对话框的"对齐方式"下拉列表中设置段落对齐方式。

2. 设置段落缩进

段落缩进是指页面边界之间的距离。段落缩进包括左缩进、右缩进、首行缩进和悬挂缩进。通过水平标尺和"段落"对话框可以精确和详细地设置各种缩进量的值。

（1）利用标尺设置

单击右侧滚动条上方的"标尺"按钮，然后拖动水平标尺中的各个缩进滑块，可以直观地调整段落缩进。

（2）利用对话框设置

选择要设置的段落，单击"开始"选项卡中的"段落"对话框按钮 ，打开"段落"对话框，在该对话框的"缩进"栏中进行设置。

3. 设置行间距和段间距

行间距就是上下两行中间空的高度和上面一行文字的高度的比；段间距是指相邻两段文本之间的距离，包括段前和段后的距离。WPS文字默认的行间距是单倍行距，用户可根据实际需要在"段落"对话框中设置行间距和段间距。

（1）行间距设置

选择段落，在"开始"选项卡中单击"行距"按钮右侧的下拉按钮，在打开的下拉列表中可选择适当的行距倍数。

（2）段间距设置

选择段落，打开"段落"对话框，在"间距"栏中的"段前"和"段后"数值框中输入值，即可设置段间距，如图5-10所示。

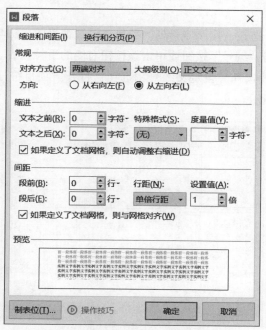

图 5-10　利用"段落"对话框设置间距

5.2.3 设置项目符号和编号

使用项目符号与编号功能,可为属于并列关系的段落添加 ✓、◆ 等项目符号,也可添加 "1.2.3." 或 "A.B.C." 等编号,还可组成多级列表,使文档内容层次分明、条理清晰。

1. 设置项目符号

在"开始"选项卡中单击"项目符号"按钮,可添加默认样式的项目符号。单击"项目符号"下拉按钮,在打开的下拉列表的"预设项目符号"栏中可选择更多的项目符号样式。具体操作方法:选择需要设置项目符号的文本,在"开始"选项卡中单击"项目符号"下拉按钮,在打开的下拉列表的"项目符号"栏中选择合适的选项,或者选择"自定义项目符号"选项,打开"项目符号和编号"对话框的"项目符号"选项卡,如图5-11所示。

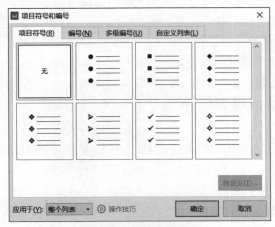

图 5-11 设置项目符号

2. 设置编号

编号主要用于设置一些按一定顺序排列的项目。设置编号的方法与设置项目符号相似,即在"开始"选项卡中单击"编号"按钮或单击该按钮右侧的下拉列表。在打开的下拉列表中选择所需的编号样式,或者选择"自定义编号"选项,打开"项目符号和编号"对话框的"编号"选项卡,如图5-12所示。

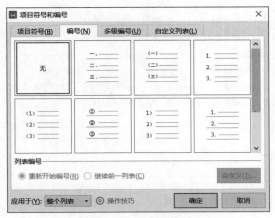

图 5-12 设置编号

3. 设置多级列表

多级列表主要用于规章制度等需要各种级别编号的文档。设置多级列表的方法：选择需要设置的段落，在"开始"选项卡中单击"编号"下拉按钮，在打开的下拉列表的"多级编号"栏中选择一种样式即可。

▌5.3　页面设置与打印输出

编辑排版好文档后，可以把电子文档进行打印输出。为了使打印输出的文档更加规范和美观，还需要对文档进行纸张大小、页边距、页面背景等各项页面设置操作和输出设置。

5.3.1　页面设置

页面设置是指对整个文档页面的一些参数设置，主要包括页边距、纸张大小和方向、页眉页脚等内容。页面设置直接决定文档的整体外观和打印输出效果。

1. 设置纸张大小

系统默认的纸张大小为A4，用户可以根据打印要求修改文档的纸张大小参数，使其与实际使用的打印纸张大小吻合，以避免出现打印误差。

设置方法：单击"页面布局"选项卡的"纸张大小"下拉按钮，在打开的下拉列表中选择一种常用的纸张类型；如果没有合适的纸张类型，可以单击"其他页面大小"命令，打开"页面设置"对话框，切换至"纸张"选项卡，如图5-13所示，在"纸张大小"栏中选择"自定义大小"，然后在"宽度"和"高度"数值框中设置大小，设置完成后，单击"确定"按钮。

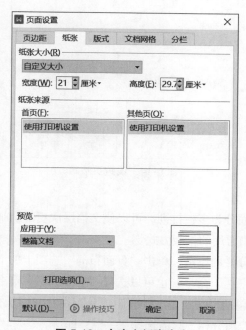

图 5-13　自定义纸张大小

2. 设置纸张方向

纸张方向分为纵向和横向两种。系统默认的纸张方向为纵向。如果要改变纸张方向，单击"页面布局"选项卡的"纸张方向"下拉按钮，在打开的下拉列表中选择"横向"命令即可。

3. 设置页边距

页边距是指页面的正文区域与页面纸张边缘之间的空白距离，包括上、下、左、右四个方向。合理地设置页边距，可以达到控制文档版心大小的目的，不仅满足装订的需要，同时使文档版面更整洁美观。

设置方法：单击"页面布局"选项卡的"页边距"下拉按钮，在下拉列表中选择系统预设的几种页边距参数，如果没有合适的选项，可以单击"自定义页边距"命令，打开"页面设置"对话框。在对话框的"页边距"选项卡中分别设置页面的上、下、左、右边距；如果文档需要装订，还应根据需要设置装订线位置和装订线宽，如图5-14所示。设置页边距也可以直接在"页边距"下拉按钮旁边的四个数值框中手动进行设置。

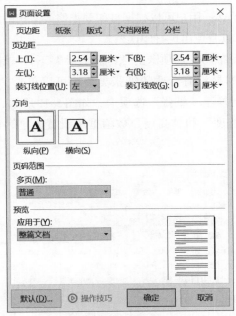

图 5-14 设置页边距

4. 分栏

分栏是将页面上的版面分为多栏排列，可以使文档层次更加清晰易读，版面活泼生动，增加排版的美观性，是报刊中常用的排版方式。

设置方法：选中需要分栏的段落，单击"页面布局"选项卡的"分栏"下拉按钮，在下拉列表中选择"两栏"或"三栏"命令，也可以选择"更多分栏"命令，在打开的"分栏"对话框中进行更详细的设置，包括栏数、宽度和间距，是否在栏间添加分隔线等，如图5-15所示。分栏设置完成后，如果想取消分栏，只需选择"一栏"即可。

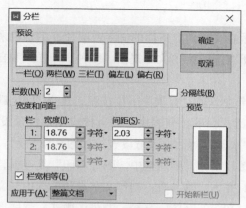

图 5-15 "分栏"对话框

5. 设置页面背景和边框

WPS文字默认的页面为白色，用户可以针对不同的文档用途，为文档的页面设置背景和边框，使文档外观更加赏心悦目。

（1）设置页面边框

单击"页面布局"选项卡的"页面边框"按钮，打开"边框和底纹"对话框。在"页面边框"选项卡的"设置"栏中选择"方框"或"自定义"选项，然后分别设置边框的线型、颜色及宽度，也可以在"艺术型"列表框中选择具有艺术效果的边框。在右侧的"预览"区可以看到页面边框的设置效果，如图5-16所示。设置完成后，单击"确定"按钮。

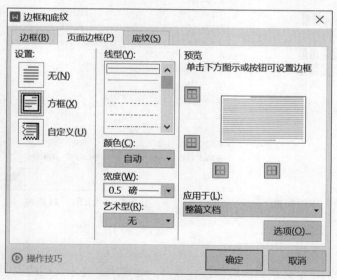

图 5-16 设置页面边框

（2）设置页面背景

单击"页面布局"选项卡的"背景"下拉按钮，打开如图5-17所示的页面背景下拉列表，选择需要的背景颜色即可。除使用颜色作为页面背景外，还可以使用图片，或者在"其他背景"子菜单中使用渐变色、纹理、图案等更加复杂的样式作为页面背景，丰富文档的页面显示效果。

6. 添加水印

水印是以虚影方式显示在文档内容下面的文字或图片，主要用来标识文档的特殊性，如宣传材料、文档密级、版权所有等。WPS文字提供了多种水印样式和自定义水印功能，具体操作方法如下：

在"页面布局"选项卡中单击"背景"下拉按钮，选择"水印"命令，或者单击"插入"选项卡的"水印"下拉按钮，在下拉列表中可以直接应用系统预设的水印样式，也可以选择"插入水印"命令，打开"水印"对话框进行设置，如图5-18所示。在对话框中先选择水印的类型，用户如果需要制作图片水印，则需选中"图片水印"复选框，进一步选择图片文件，并设置图片的缩放、版式和对齐方式等参数；制作文字水印需选中"文字水印"复选框，然后选择或者输入水印内容，并对文字的字体、字号、颜色、版式、透明度和对齐方式等参数进行详细设置，设置完成后，单击"确定"按钮，即可在文档中看到添加水印后的效果。

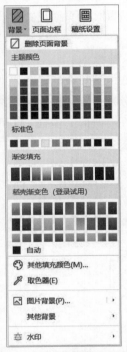

图 5-17 "页面背景"下拉列表

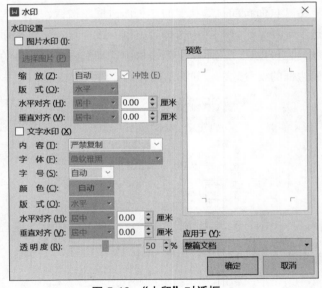

图 5-18 "水印"对话框

7. 设置页眉、页脚和页码

（1）插入页眉和页脚

页眉和页脚分别位于文档页面的顶部和底部，通常用来显示文档的说明性信息，如公司徽标、文档名称和版权信息等，使文档更具有专业性，具体操作方法如下：

单击"插入"选项卡的"页眉页脚"按钮，即进入页眉、页脚编辑状态，光标将自动定位到文档页眉处，如图5-19所示。在编辑栏中除了可以输入文字信息外，还可以通过"页眉页脚"选项卡相应的命令按钮，插入页眉横线、日期和时间、图片、域、页码等内容。完成页眉内容的编辑后，单击"页眉页脚切换"按钮，将自动转至当前页的页脚，按同样的方法编辑页脚内容后，单击"关闭"按钮，即可退出页眉、页脚的编辑状态。

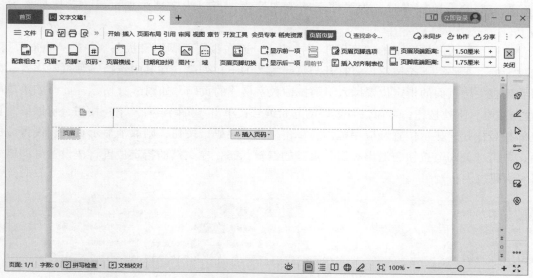

图 5-19　页眉编辑状态

默认情况下，对文档中的任意一页设置页眉或页脚后，页眉和页脚中的内容会自动出现在文档的所有页面。WPS针对日常应用中的报告、图书、杂志等一些特殊的文档，还提供了"首页不同""奇偶页不同"的页眉页脚功能。在"页眉页脚"选项卡中单击"页眉页脚选项"按钮，打开如图5-20所示的"页眉/页脚设置"对话框。在对话框中，若选中"首页不同"复选框，则可以分别对文档的第一页和其他页设置不同的页眉和页脚；若选中"奇偶页不同"复选框，则可以分别对文档的奇数页和偶数页设置不同的页眉和页脚。

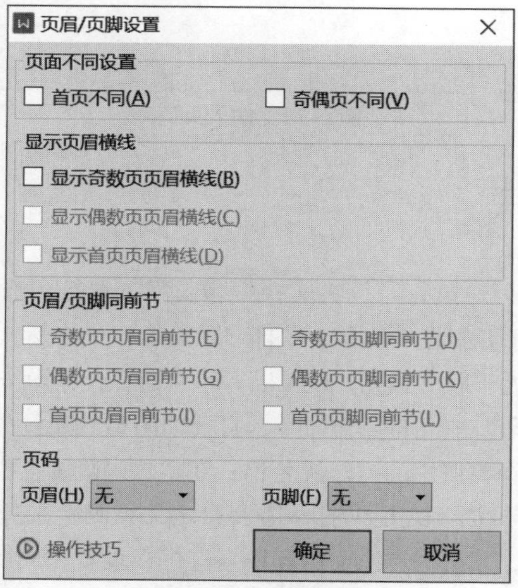

图 5-20　"页眉/页脚设置"对话框

（2）添加页码

当文档的页数较多时，为了便于阅读和检索，可以为文档添加页码，具体操作方法如下：

单击"插入"选项卡的"页码"下拉按钮，或在页眉页脚编辑状态，单击"页眉页脚"选项卡的"页码"下拉按钮，将打开与页码相关的下拉列表，在其中选择一种页码样式，即可看到在文档页面的指定位置插入了阿拉伯数字格式的页码，如图5-21所示。此时如果单击"重新编号"下拉按钮，可以设置页码的起始编号；单击"页码设置"下拉按钮，可以修改页码的编号样式、显示位置及应用范围；单击"删除页码"按钮，则取消显示页码。设置完成后，单击"关闭"按钮，退出页眉、页脚的编辑状态，在文档的指定位置将按设置好的格式显示页码。

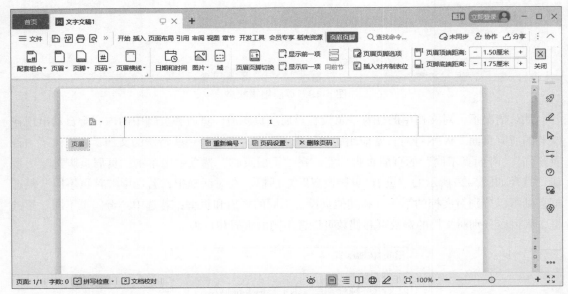

图 5-21　插入页码

5.3.2　文档的打印输出

1. 打印文档

页面设置完成后，可以通过打印机将文档打印出来。在打印输出之前，通常需要先选择"文件"→"打印"→"打印预览"命令，在打印预览窗口中查看文档的实际打印效果。如果预览效果满意，将打印机处于联机状态，就可以打印文档，具体操作方法如下：

选择"文件"→"打印"→"打印"命令，打开如图5-22所示的"打印"对话框。在对话框的"名称"列表框中选择要使用的打印机名称；在"页码范围"栏设置打印的页码，如打印"全部页面"、打印"当前页面"或根据打印需要自定义页码范围；在"副本"栏设置打印份数；如果要双面打印文档，需选中"双面打印"复选框，设置完成后，单击"确定"按钮即可开始打印文档。

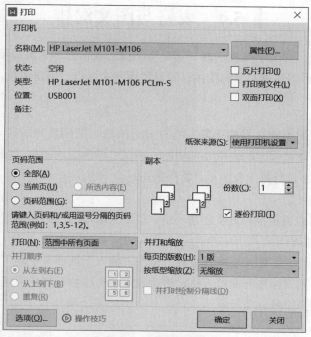

图 5-22　"打印"对话框

小知识：打印文档页面背景

　　默认情况下，当在 WPS 文档中设置了页面背景，页面背景无法被打印出来，仍然为白色背景。如何将设置的页面背景打印出来呢？可以选择"文件"→"选项"命令，在打开的对话框中单击左侧栏的"打印"命令，然后在右侧选中"打印背景色和图像"复选框，就可以通过打印机打印出精美的页面背景。

打印文档
页面背景

2. 输出文档

　　WPS 文字支持将文档输出为 PDF、图片及 PPTX 格式，以满足用户的特殊需要。具体操作方法如下：

　　打开 WPS 文档，单击"文件"菜单，弹出如图 5-23 所示的下拉菜单。根据输出文件的格式要求选择相应的命令，如选择"输出为 PDF"命令，将打开"输出为 PDF"对话框，在对话框中设置输出的 PDF 样式、保存目录和输出范围，单击"开始输出"按钮，系统进行文档输出。输出完成后，在状态栏会显示"输出成功"，此时单击"打开文件"按钮，即可看到已经输出的 PDF 文件。

图 5-23　文档输出

5.4 表格与图文混排

WPS不仅具有强大的文字编辑功能，还具有便捷的表格处理和图形编辑功能，支持表格、图片、形状、智能图形等多种对象的使用，轻松实现图文混排，创建美观、图文并茂的文档。

5.4.1 表格处理

表格作为一种组织整理数据的手段，具有分类清晰、简明直观的特点，在文档中十分常用。WPS文字提供了非常强大的表格处理功能，不仅可以快捷地创建、编辑表格，对表格进行修饰美化，还能对表格进行排序及简单计算等操作。

1. 创建表格

在WPS文字中可以通过多种方法创建表格。以下是常用的两种创建方法。

（1）使用虚拟表格创建

将光标定位到文档中要插入表格的位置，单击"插入"选项卡中的"表格"下拉按钮，在打开的下拉列表中使用鼠标拖动虚拟表格，当达到需要的行数和列数位置后单击，即可在文档中快速创建一个表格，如图5-24所示。

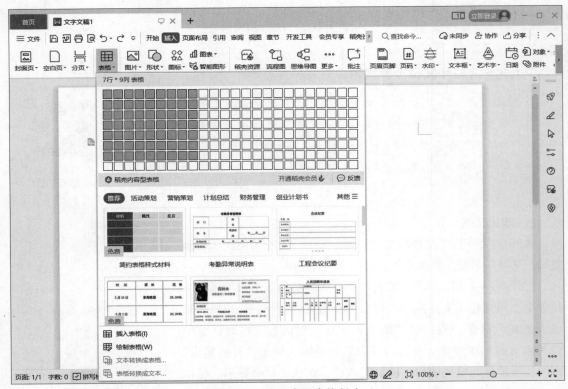

图 5-24 使用虚拟表格创建

（2）使用"插入表格"对话框创建

将光标定位到文档中要插入表格的位置，单击"插入"选项卡中的"表格"下拉按钮，在打开的下拉列表中选择"插入表格"命令，打开如图5-25所示的"插入表格"对话框。在对话框的"行数"和"列数"数值框中分别输入要创建表格的行数和列数，在"列宽选择"栏中根据需要选择"固定列宽"或"自动列宽"，设置完成后，单击"确定"按钮即可。

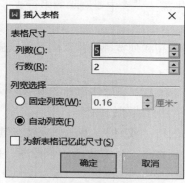

图 5-25　"插入表格"对话框

2. 编辑表格

表格创建完成后，通常需要对表格进行编辑，包括调整行高或列宽、添加行或列、合并与拆分单元格等。

（1）表格对象的选定

对表格的编辑操作同样遵循"先选择，后操作"的原则。用户可以根据需要选择不同的表格对象，选择方法如下：

选择单元格：将鼠标指针移至单元格的左边框位置，当指针呈右上角方向的黑色箭头时，单击可选中该单元格。如果按住鼠标左键并拖动，可选择单元格区域。

选择行：将鼠标指针移至某行的左侧，当指针呈白色箭头时，单击鼠标左键可选定一行；按下鼠标左键向下或向上拖动可选定多行。

选择列：将鼠标指针移至某列的顶端，当指针呈黑色向下箭头时，单击鼠标左键可选定一列；按下鼠标左键向左或向右拖动可选定多列。

选择整个表格：将鼠标指针指向表格时，表格左上角会出现十字标志的控制点，单击该控制点，即可选中整个表格。

表格对象的选定还可以通过"表格工具"选项卡中的"选择"下拉按钮实现，在打开的下拉列表中可以分别选择单元格、行、列和整个表格。

（2）插入行和列

将光标定位至表格任意单元格，单击表格下方的 按钮即可在表格最下方插入一行；单击表格右侧的 按钮可以在表格最右侧插入一列。

将光标移至行或列的边线上，单击出现的 按钮，即可添加一个新行或新列。

将光标定位至需要插入新行或新列的位置，单击"表格工具"选项卡的"在上方插入行"或"在下方插入行"按钮，即可在当前行上方或下方插入一个新行；单击"在左侧插入列"或"在右侧插入列"按钮即可在当前列左侧或右侧插入一个新列。

（3）删除行和列

将鼠标移至行或列的边线上，单击 按钮，即删除一行或一列。

将光标定位至要删除行或列的任意单元格中，单击"表格工具"选项卡的"删除"下拉按钮，在打开的下拉列表中根据需要选择相应的命令，即可实现对行、列、单元格或表格的删除。如果一次删除多行或多列，则需要先选中要删除的多行或多列，再执行上述操作。

（4）调整行高和列宽

在WPS文字中，创建的表格行高和列宽都是默认的，可以通过以下几种方法对行高和列宽进行调整。

将光标移至表格行或列的边框线上，当鼠标指针变为双向箭头时，拖动鼠标即可改变行高和列宽。这种方法适用于对表格个别行或列的调整。

选中要改变行高（或列宽）的行（或列），单击"表格工具"选项卡，在"高度"和"宽度"数值框中输入需要的行高和列宽。这种方法适用于行高、列宽的精确调整或多行（多列）的统一调整。

单击"表格工具"选项卡的"自动调整"下拉按钮，在下拉列表中，选择"适应窗口大小"和"根据内容调整表格"命令可对表格进行自动调整。"平均分布各行"和"平均分布各列"命令可将选中行的行高（或选中列的列宽）进行平均分布。

（5）合并与拆分单元格

合并单元格是指将相邻的多个单元格合并为一个单元格。合并时，首先选中需要合并的多个单元格，然后单击"表格工具"选项卡的"合并单元格"按钮即可。

拆分单元格是将一个单元格拆分成若干个小的单元格。拆分时，先将光标置于需要拆分的单元格内，然后单击"表格工具"选项卡的"拆分单元格"按钮，在打开的对话框中设置要拆分的行数和列数，最后单击"确定"按钮即可。

合并与拆分单元格操作也可以右击，在弹出的快捷菜单中通过"合并单元格"和"拆分单元格"命令实现。

3. 表格格式化

格式化表格可以改变表格的外观，使整个表格美观、大方。

（1）对齐方式

表格单元格中文本的对齐有水平方向和垂直方向之分，共形成九种对齐方式。设置时，选定要设置对齐方式的单元格，单击"表格工具"选项卡的"对齐方式"下拉按钮，在打开的下拉列表中选择合适的对齐方式即可，如图5-26所示。用户也可以右击，在弹出的快捷菜单中展开"单元格对齐方式"子菜单，在其中选择相应的命令实现。

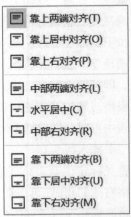

图5-26 "对齐方式"下拉列表

（2）文字方向

默认情况下，单元格中的文字方向为横排，可以将文本的排列方向设置为纵向，使表格看起来更美观。设置方法：选中要设置文字方向的单元格，单击"表格工具"选项卡的"文字方向"下拉按钮，在打开的下拉列表中选择相应的选项即可。用户也可以右击，在弹出的快捷菜单中选择"文字方向"命令，打开"文字方向"对话框进行设置。

（3）应用内置样式

WPS文字提供了丰富的表格预设样式，无论是新建的空白表格还是已经输入数据的表格，都可以直接应用，快速完成对表格的美化，具体操作方法如下：

将光标置于表格的任意单元格，单击"表格样式"选项卡，在左侧的功能区中选中需要的填充方式，如"首行填充""隔行填充"等，然后展开表格样式下拉列表，列表中列出了多种系统预设的表格样式，如图5-27所示，用户在其中选择需要的样式，在文档中即可看到表格应用该预设样式后的效果。

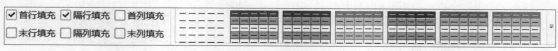

图 5-27　表格样式

（4）自定义边框和底纹

如果系统预设的样式列表中没有理想的表格样式，用户也可以自定义表格的边框和底纹，具体操作方法如下：

选中整个表格或单元格，单击"表格样式"选项卡的"边框"下拉按钮，在打开的下拉列表中选择"边框和底纹"命令，将打开如图5-28所示的"边框和底纹"对话框，在"边框"选项卡页面中可以设置表格边框的线型、颜色、宽度等；在"底纹"选项卡页面中可以设置填充色和图案。

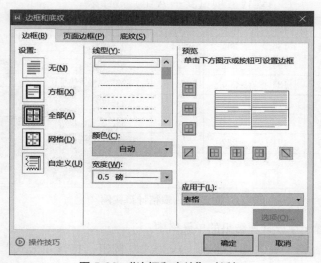

图 5-28　"边框和底纹"对话框

【例5-3】按照图5-29所示样张创建篮球比赛成绩积分表。

步骤1选择"插入"→"表格"→"插入表格"命令，在文档指定位置处插入一个9行7列的规则表格。

步骤2按样张所示合并单元格，并对行高和列宽进行调整。

步骤3输入文字，设置文本对齐方式为"中部居中"。

步骤4按样张所示设置表格边框和填充色，并绘制斜线。

篮球赛小组赛（A组）成绩积分表

队别	A1	A2	A3	A4	积分	名次
A1		52:65	81:53	74:60	5	2
		1	2	2		
A2	65:52		84:75	70:59	6	1
	2		2	2		
A3	53:81	75:84		70:53	4	3
	1	1		2		
A4	60:74	59:70	53:70		3	4
	1	1	1			

图 5-29 "成绩积分表"样张

4. 表格数据的计算

在表格中可以输入简单的公式，对数据进行加、减、乘、除等运算，也可以使用WPS提供的函数进行统计计算。

【例5-4】计算图5-30所示表格中每位运动员现代五项成绩的得分。

现代五项（女子 A 组）成绩表

姓名	击剑	游泳	马术	激光跑	得分
贺丽敏	186	266	271	328	
赵英洁	194	272	278	422	
马婷婷	183	260	253	371	
苏雪	178	249	246	336	
李文佳	130	224	0	382	
张晓静	171	262	275	410	

公式
公式(F):
=SUM(LEFT)
辅助:
数字格式(N):
粘贴函数(P):
表格范围(T):
粘贴书签(B):
确定　取消

图 5-30 表格计算实例

步骤1将光标置于存放计算结果的单元格中。

步骤2单击"表格工具"选项卡的"fx公式"按钮，打开"公式"对话框。在对话框的"公式"栏中显示计算公式"=SUM(LEFT)"。其中"SUM"是求和函数，"LEFT"是参数，表示对当前单元格左侧的数据进行计算。如果系统给出的公式不正确，可以重新输入或修改公式，从"粘贴函数"下拉列表框中选择合适的内置函数，如平均值（AVERAGE）、最大值（MAX）和最小值（MIN）等；从"表格范围"下拉列表框中选择合适的参数，如RIGHT、ABOVE和BELOW。

步骤3单击"确定"按钮，第一位运动员的"得分"就自动填到相应单元格中。

步骤4重复以上步骤，计算出其他运动员的得分。

此外，在WPS中进行表格计算时，如果参与计算的单元格相邻，可以选择要参与计算的单元格，单击"表格工具"选项卡的"快速计算"下拉按钮，在如图5-31所示的下拉列表中选择相应的计算方式，WPS将自动在选中区域的右侧或下方新建一列或一行显示计算结果。

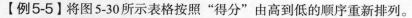

图 5-31　"快速计算"下拉列表

5. 表格数据的排序

向表格内输入的数据通常情况下是无序的，使用"排序"功能可将表格中的数据按升序或降序进行重新排列。

【例5-5】将图5-30所示表格按照"得分"由高到低的顺序重新排列。

步骤1将光标置于表格的任意单元格。

步骤2单击"表格工具"选项卡"排序"按钮，打开"排序"对话框，如图5-32所示。

步骤3在对话框的"列表"栏中选择"有标题行"单选按钮，此时系统将表格的第一行作为标题，不参与排序。根据题目要求，在"主要关键字"下拉列表中选择"得分"，选中"降序"单选按钮。如果需要指定一个以上的关键字，可以分别在"次要关键字"和"第三关键字"中进行选择。设置完成后，单击"确定"按钮，完成排序。

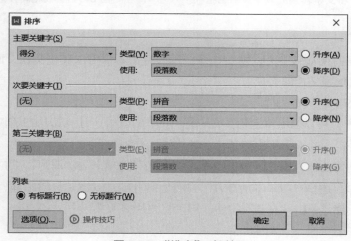

图 5-32　"排序"对话框

6. 表格与文本相互转换

在WPS中，可以将文本转换为表格，也可以将表格转换为文本。

（1）文本转换为表格

如果在WPS文档中输入文字时，文字之间用特定的分隔符（段落标记、逗号、空格、制表符或其他符号）分隔开，则可以将这些文字转换成表格，具体操作方法如下：

选中要转换为表格的文本，选择"插入"选项卡"表格"下拉按钮的"文本转换为表格"命令，打开如图5-33所示的"将文字转换成表格"对话框。其中，对话框"表格尺寸"栏中的"列数"和"行数"，系统会根据选中文本的内容和分隔符自动显示，用户也可以根据需要进行调整；然后在"文字分隔位置"栏目中选择合适的分隔符，单击"确定"按钮，即可在文档中看到以表格形式显示的文本。

（2）表格转换为文本

将表格转换为文本，可以将表格中的文字内容提取出来，但是会丢失如边框、底纹等一些特殊的格式，具体操作方法如下：

将光标置于表格的任意单元格，单击"表格工具"选项卡的"转换成文本"命令，打开"表格转换成文本"对话框，如图5-34所示。在对话框中根据需要选择单元格内容之间的分隔符，单击"确定"按钮，即可看到表格转换为文本的效果。

图 5-33 "将文字转换成表格"对话框

图 5-34 "表格转换成文本"对话框

5.4.2 插入图片

图片具有很强的视觉感染力，在文档中应用图片，不仅可以美化文档，而且可以更形象、直观地表达信息，增强文档的表现力。

1. 插入图片文件

在WPS文档中，可以插入本地计算机中存储的图片文件，还支持从扫描仪导入图片，以及通过微信连接到手机，插入手机中的图片，具体操作方法如下：

将光标定位到需要插入图片的位置，单击"插入"选项卡的"图片"下拉按钮，在下拉列表中选择图片来源，这里选择"本地图片"命令，打开"插入图片"对话框，从本地计算机中浏览选择需要的图片，单击"打开"按钮，即可将图片插入文档中。

2. 设置图片格式

在文档中插入图片之后，通常需要对图片的大小、环绕方式、颜色等进行设置，使其与文档的风格和主题相融合。

（1）调整图片大小

在文档中插入的图片默认按原始大小或页面可容纳的最大空间显示，可以选中图片，用鼠标拖动图片四周的控制点来调整图片的大小，或者在"图片工具"选项卡的"高度"和"宽度"数值框中输入需要的数值。在调整图片时，如果选中"锁定纵横比"复选框，可以约束图片高度和宽度按比例进行缩放。单击"重设大小"按钮，则将图片恢复到原始大小。

（2）裁剪图片

如果只需要插入图片的部分内容，使用WPS提供的"裁剪"功能即可轻松实现，具体操作方法如下：

选中图片，单击"图片工具"选项卡的"裁剪"按钮，图片四周将出现黑色的裁剪标志，同时图片右侧显示出裁剪的级联菜单，如图5-35所示。用鼠标拖动某个裁剪标志至合适的位置释放，即可沿鼠标拖动方向对图片进行裁剪；如果要将图片裁剪为某个形状，则单击级联菜单中的形状，确认无误后按【Enter】键或单击空白区域，即可完成对图片的裁剪。

图 5-35　图片裁剪

（3）设置环绕方式

图片的环绕方式是指图片与文字之间的位置关系。图片插入文档后的默认环绕方式为嵌入型，不能随意移动位置，而且文字只能显示在图片的上方或下方，导致文档中出现大片的空白。若要自由移动图片，或者希望文字环绕图片排列，可以设置图片的环绕方式，具体操作方法如下：

选中图片，在"图片工具"选项卡中单击"环绕"下拉按钮，在下拉列表中选择合适的环绕方式即可。WPS提供了多种环绕方式，如图5-36所示，不同的环绕方式可为阅读者带来不同的视觉感受。

嵌入型：图片嵌入文档某一行中，图片不能随意移动。

四周型环绕：文字以矩形方式环绕在图片四周。

紧密型环绕：文字根据图片的外部轮廓形状紧密环绕在图片四周。

衬于文字下方：图片将置于文字下方，被文字覆盖。

浮于文字上方：图片将置于文字上方，覆盖住文字。

上下型环绕：文字环绕在图片上方和下方，其效果与嵌入型相似，但设置为嵌入型的图片不能随意移动，而上下型环绕的图片可以任意移动。

图 5-36　"环绕"下拉列表

穿越型环绕：文字可以穿越不规则图片的空白区域环绕图片。

（4）调整图片的亮度、对比度和颜色

如果对插入图片的亮度和对比度不满意，可以在WPS中进行简单的调整。选中图片，单击"图片工具"选项卡的"增加亮度"或"降低亮度"按钮，可以调整图片的亮度。单击"增加对比度"或"降低对比度"按钮，可以调整图片的对比度。

在WPS中可以重新调整图片的颜色风格。首先选中图片，单击"图片工具"选项卡的"色彩"下拉按钮，可从中选择"灰度"、"黑白"或"冲蚀"等色彩效果。

如果要将图片中某个特定颜色变为透明，则单击"设置透明色"按钮，当鼠标指针变为笔的形状时，在要设置为透明的颜色上单击，图片中该颜色所在的区域将变为透明区域。

（5）设置图片的效果和边框

插入图片后，可以为图片设置一些特殊效果，如"阴影"、"倒影"、"发光"、"柔化边缘"和"三维旋转"等，来增强图片的表现力。具体操作方法如下：

选中图片，单击"图片工具"选项卡的"效果"下拉按钮，在下拉列表中选择所需的图片效果。

为图片添加边框，单击"图片工具"选项卡的"边框"下拉按钮，在打开的下拉列表中分别设置图片边框的颜色、线型即可。

5.4.3 插入形状

在制作文档时，有时需要绘制一些简单的图形或流程图，以丰富文档的内容。WPS提供了多种内置形状，可以快速绘制出常用的图形，如线条、矩形和星形等。

1. 绘制形状

在"插入"选项卡中单击"形状"下拉按钮，打开"形状"下拉列表，如图5-37所示。单击选择要绘制的形状，此时鼠标指针显示为"+"字形，在文档中要绘制形状的起点位置按下鼠标左键并拖动到合适大小后释放，即可绘制出相应的形状。在绘制图形时，若配合【Shift】键，可绘制出规整的图形，如正方形或圆形。

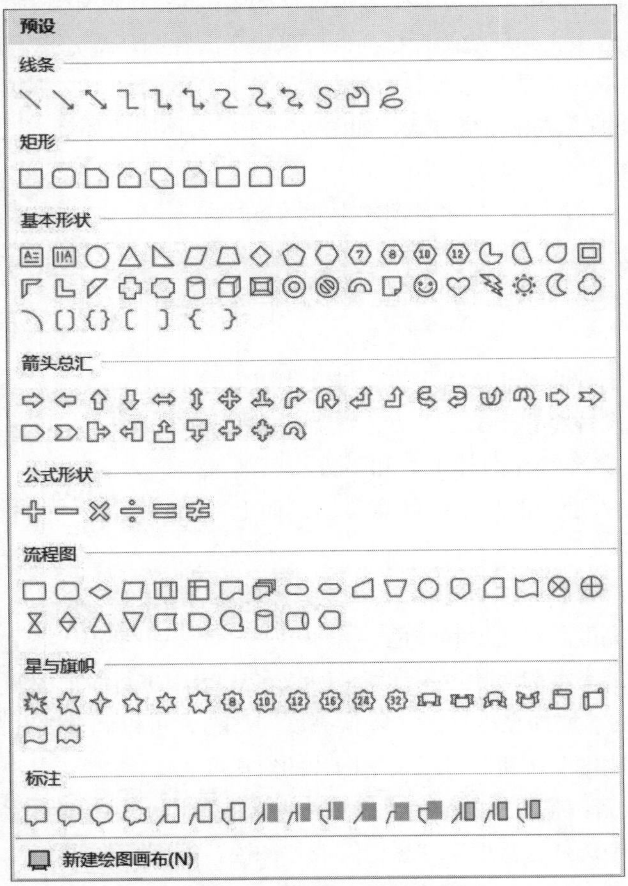

图 5-37 "形状"下拉列表

如果要在文档的同一位置插入多个形状，制作成较为复杂的图形，建议先选择"新建绘图画布"命令，在文档中创建一个空白的画布，然后在画布中绘制形状，这样放置在画布中的多个形状可以形成一个整体，便于排版布局和编辑。

形状绘制完成后，可通过拖动形状四周的控制点来调整形状的大小，还可以通过形状上方的旋转控制点对形状进行旋转。此外，在形状内部单击，可将光标定位到形状内，输入需要添加的文字内容，对形状进行说明。

2. 设置形状格式

绘制形状后，可以使用"绘图工具"选项卡的命令按钮设置形状的格式，如图5-38所示。

图 5-38　设置形状格式

（1）使用预设形状样式

WPS内置了多种形状样式，可以一键设置形状的填充、轮廓样式和形状的效果。单击"形状样式"列表框右侧的下拉按钮，在列出的形状列表中选择一种样式，即可应用于所选形状。

（2）自定义形状样式

除了直接应用预设的形状样式外，用户也可以手动设置形状的样式，包括形状的填充、轮廓、形状效果等，具体操作方法如下：

单击"填充"下拉按钮，可以为形状设置颜色、纹理、图片、图案等多种填充效果。

单击"轮廓"下拉按钮，可以为形状设置颜色、线型、宽度等多种轮廓样式。

单击"形状效果"下拉按钮，可以为形状设置阴影、倒影、发光等多种外观效果。

3. 排列形状

在文档中插入多个形状时，为保证文档整洁有序，还需要对形状进行对齐和分布排列，具体操作方法如下：

选中要对齐的多个形状，将自动显示"对齐"工具栏，如图5-39所示。该工具栏包含了"左对齐"、"水平居中"、"右对齐"、"顶端对齐"、"垂直居中"、"底端对齐"和"中心对齐"共七种对齐方式和"横向分布"、"纵向分布"两种分布方式，用户直接单击相应的按钮，在文档中即可看到形状排列分布后的效果。形状的对齐和分布排列也可以通过"绘图工具"选项卡的"对齐"下拉按钮完成。

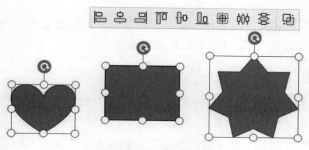

图 5-39　"对齐"工具栏

默认情况下，先插入的形状在底层，后插入的形状在顶层，如果文档中出现多个形状的交错重叠，可以调整形状之间的顺序，以形成不同的排列效果。具体操作方法如下：

选择要改变叠放次序的形状，单击"绘图工具"选项卡的"上移一层"或"下移一层"按钮，即可方便地调整形状的层次。

【例5-6】使用形状按照图5-40所示绘制流程图。

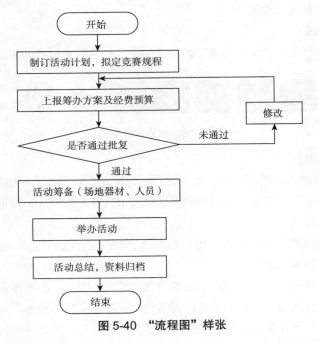

图 5-40 "流程图"样张

步骤1单击"插入"选项卡的"形状"下拉按钮，在下拉列表中选择"新建绘图画布"命令，在文档中绘制一个画布。

步骤2在"形状"下拉列表中选择"圆角矩形"形状，在画布中拖动鼠标绘制一个"圆角矩形"，输入文字"开始"，文字颜色设置为"黑色"；选中该图形，在"绘图工具"选项卡中单击"填充"下拉按钮，设置填充色为"白色"；单击"轮廓"下拉按钮，设置轮廓宽度为"0.5磅"，颜色为"黑色"。

步骤3用同样的方法在画布中绘制其他形状，并输入图5-40所示文字。

步骤4选中画布中的多个形状，使用"绘图工具"选项卡"对齐"下拉按钮的"水平居中"和"纵向分布"命令调整形状的位置。

步骤5在"形状"下拉列表中选择"箭头"形状，设置轮廓宽度为"0.5磅"，颜色为"黑色"，在形状之间绘制"箭头"，将各个形状用箭头相连。

5.4.4 插入文本框

文本框是一种图形化的文本容器，使用文本框可以方便地将文字置于文档的任意位置，从而创建特殊的文本效果。

WPS包括"横向"、"竖向"和"多行文字"三种文本框类型，"横向"和"竖向"指文本框内容的排列方向，当输入内容超出文本框显示范围时，超出部分将不可见；"多行文字"文本框可以随内容的增加而自动扩展，从而容纳多行文本。具体操作方法如下：

单击"插入"选项卡的"文本框"下拉按钮，在打开的下拉列表中选择合适的文本框类型，此时鼠标指针变为"+"字形状，直接在文档中单击，或者按下鼠标左键拖动到合适的大小后释放鼠标，即可在文档中插入一个文本框，然后在文本框中输入文本。

创建好文本框后，选中文本框，可使用"文本工具"选项卡对文本框的轮廓、填充、效果等进行设置，设置方法和形状相似，此处不再赘述。

5.4.5　创建艺术字

艺术字是具有艺术效果的文字，具有醒目、美观的特点，常用于广告宣传、海报和文档标题的美化。插入艺术字的方法如下：

单击"插入"选项卡的"艺术字"下拉按钮，在打开的下拉列表中选择一种艺术字样式，如图 5-41 所示，此时在文档中将出现艺术字编辑框，并显示"请在此放置您的艺术字"占位文本，直接输入需要的文字即可。

图 5-41　插入艺术字

创建艺术字后，可以通过图 5-42 所示的"文本工具"选项卡对艺术字进行编辑和美化，包括艺术字的样式、形状和填充等。如果要创建具有特殊排列方式的艺术字，可以单击"文本效果"下拉按钮，在"转换"命令的子菜单中选择一种文本排列方式，如"上弯弧"和"波形"等，增强艺术字的美感。

图 5-42　艺术字"文本工具"选项卡

5.4.6　使用智能图形

智能图形是信息和观点的视觉表示形式，以可视化的图形方式将信息之间的关系呈现出来，从而更直观、更有效地传达作者的观点和文档的信息。WPS 提供了多种现成的智能图形，用户可以根据信息之间的关系，在文档中快速制作出列表、循环和层次结构等智能图形。

1. 插入智能图形

单击"插入"选项卡的"智能图形"按钮，将打开如图 5-43 所示的"智能图形"对话框，先在对话框的上方根据需要选择合适的类型，然后在列出的图形样式中单击需要的样式，即可在文档中插入智能图形。智能图形创建完成后，可在相应的项目形状中添加文字信息。

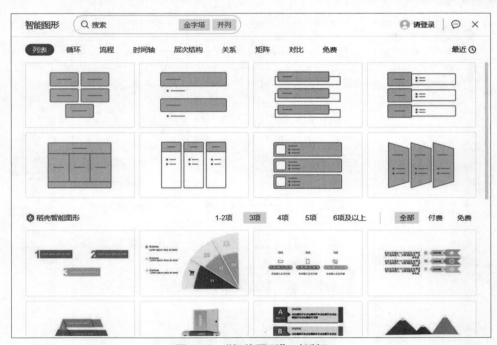

图 5-43　"智能图形"对话框

2. 编辑智能图形

默认生成的智能图形的布局通常不符合设计需要，用户可以根据实际要求在智能图形中添加、删除项目，或者对项目进行级别的调整。

（1）添加或删除项目

添加项目时，先选中要在相邻位置添加新项目的现有项目，单击"设计"选项卡的"添加项目"下拉按钮，在打开的下拉列表中选择添加项目的位置，如"在后面添加项目"，即可在该项目后方添加一个空白的项目。

删除项目时，只需在选中项目后按【Backspace】键或【Delete】键，即可将所选项目从智能图形中删除，剩余的项目会随之做自动调整。

（2）升级或降级项目

选中要调整级别的项目，单击"设计"选项卡的"升级"按钮或"降级"按钮，即可将所选项目升高或降低一级。智能图形的整体布局会随之进行自动调整。

3. 修饰智能图形

创建智能图形后，可以对智能图形进行格式化，如设置图形的配色方案和外观效果等，具体操作方法如下：

选中智能图形，单击"设计"选项卡的"更改颜色"下拉按钮，可以调整智能图形的整体配色；也可在"图形样式"下拉列表中直接套用内置的图形效果。

选中智能图形中的一个或多个项目形状，单击"格式"选项卡，可以方便地设置所选项目形状的格式，如形状填充、形状轮廓和形状样式等。

▎5.5　长文档的编排

在实际工作中，经常需要编辑一些长文档，如活动计划、论文、宣传手册、报告等。由于长文档的纲目结构通常比较复杂、内容多、各级标题交错，如果使用常规方法将非常烦琐。WPS针对长文档提供了样式、目录等高效排版功能，可以快速厘清文档结构，简化格式的编排流程，提高工作效率。

5.5.1　使用分隔符划分章节

长文档通常包含多个组成部分，对长文档合理地进行分页和分节可使文档结构更清晰。

1. 使用分页符分页

分页符是分隔文档相邻页之间的符号。默认情况下，当文档内容超出页面所能容纳的行数时，会自动进入下一页。如果希望将文档在指定位置进行分页，可以利用分页符实现，具体操作方法如下：

将光标定位到文档中需要分页的位置，单击"插入"选项卡的"分页"下拉按钮，或者单击"页面布局"选项卡的"分隔符"下拉按钮，如图5-44所示，在打开的下拉列表中选择"分页符"命令，即可在指定位置插入分页符标记，并将文档指定位置之后的内容在新的一页开始显示。

图 5-44　分隔符

插入分页符后文档还是一个统一的整体，分页符前、后的页面将保持相同的页面属性，如页面大小、页边距、页眉页脚等均保持一致。

2. 使用分节符分节

使用分节符可以将文档分为多个节，不同的节可以使用不同的页面设置，如单独编排页码、设置页眉页脚、设置页边距、纸张大小及方向等。

设置方法：将光标定位到文档中需要分节的位置，单击"页面布局"选项卡的"分隔符"下拉按钮，在打开的下拉列表中选择需要的分节符即可。各分节符含义如下：

下一页分节符：将插入点之后的内容作为新一节的内容移至下一页。

连续分节符：将插入点之后的内容作为新一节换行显示。

偶数页分节符：将插入点之后的内容移至下一个偶数页。

奇数页分节符：将插入点之后的内容移至下一个奇数页。

5.5.2 使用样式编排文档

样式是一组由系统或用户命名的字符和段落格式的集合。在编排长文档时，通常要求对文档的许多段落和文本设置相同的格式，使用样式不仅可以简化编排流程，避免大量重复性的操作，同时对样式进行修改，即可改变应用该样式的所有字符和段落的格式，无须重新设置，从而大幅提高编排效率。

1. 使用预设样式

为了提高文档格式设置的效率，WPS文字提供了多种预设样式，如"正文"、"标题1"、"标题2"等，其中的标题样式通常应用于文档中的各级标题，如图5-45所示。应用样式时，只需将光标定位到要应用样式的段落，在"开始"选项卡"样式"功能区中单击需要应用的样式即可。

图 5-45 预设样式

2. 新建样式

WPS内置的样式比较固定，如果要制作有特色的文档，也可以根据需要创建新样式，操作方法如下：

选择"开始"选项卡"样式"下拉列表中的"新建样式"命令，将打开"新建样式"对话框，如图5-46所示，在对话框"属性"栏的"名称"文本框中输入新样式的名称；在"格式"下拉按钮处分别设置好需要的字体及段落等格式，然后单击"确定"按钮即可。新建的样式将显示在"样式"下拉列表框中，与内置的预设样式一样可应用于文档的文本或段落。

3. 修改样式

用户在编排长文档的过程中，可以根据需要对预设样式或用户新建的样式进行修改，修改样式后，文档中所有应用该样式的文本或段落格式将自动更新，具体操作方法如下：

将鼠标指针指向要修改的样式名称，右击，在弹出的快捷菜单中选择"修改"命令，打开"修改样式"对话框，在对话框中根据需要对该样式的字体、段落等格式进行修改。修改完成后，单击"确定"按钮关闭对话框，可以看到文档中应用该样式的所有文本或段落格式随之改变。

图 5-46 "新建样式"对话框

小知识：使用导航窗格

在编排长文档时，常常需要在不同的章节之间跳转，如果使用拖动页面的方式会十分麻烦。此时可以通过 WPS 文字的导航窗格来快速查看和选择文档的章节。单击"视图"选项卡的"导航窗格"按钮，即可在文档左侧显示所有应用了标题样式的各级标题，单击标题名即可快速跳转到相应的页面。

使用导航窗格

5.5.3 插入文档目录

目录是长文档不可或缺的重要组成部分，能够帮助用户快速把握文档的全貌和层次结构，方便阅读。在 WPS 文字中可以通过识别文档中的标题级别快速创建目录，具体操作方法如下：

将光标定位到要插入目录的位置，单击"引用"选项卡的"目录"下拉按钮，在打开的下拉列表中选择一种内置的目录样式，也可选择"自定义目录"命令，打开如图 5-47 所示的"目录"对话框，在对话框中设置目录标题与页码之间的制表符前导符、确定标题的显示级别和页码显示方式，设置完成后，单击"确定"按钮，即可看到目录已经插入文档中。

插入目录后，如果文档中的标题有变化，则需更新目录，使目录结构与文档结构保持一致。具体操作方法如下：

在目录上右击，在弹出的快捷菜单中选择"更新域"命令，将打开"更新目录"对话框，从中选择"只更新页码"或"更新整个目录"，然后单击"确定"按钮即可看到目录已经更新。

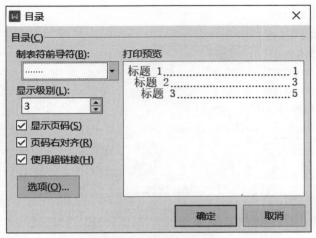

图 5-47 "目录"对话框

5.5.4 使用题注自动编号

长文档中除了文字以外，通常还包含大量的图片、表格、公式等对象，如果采用手工编号的方式既烦琐，而且易出错。使用 WPS 文字提供的题注功能可以为这些对象自动编号，修改后题注编号还可以更新，大大提高了文档的编排效率，具体操作方法如下：

选中要添加题注的对象，单击"引用"选项卡的"题注"按钮，打开如图 5-48 所示的"题注"对话框，在"标签"下拉列表中选择需要的题注标签，如"表"，此时，"题注"文本框中会自动显示选择的题注标签和编号，如果"标签"下拉列表中没有合适的选项，也可以单击"新建标签"按钮创建新的标签；然后在"位置"下拉列表中选择题注的显示位置，设置完成，单击"确定"按钮，即可在指定位置插入题注。

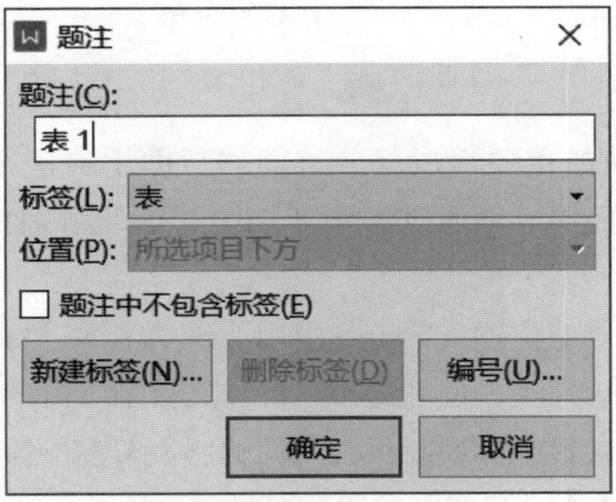

图 5-48 "题注"对话框

采用相同的方法可以在文档中插入多个题注，同标签类型的题注序号将顺序编号。如果在文档中删除了某个题注，则需在快捷菜单中选择"更新域"命令，对题注进行更新。

5.5.5 添加脚注和尾注

脚注和尾注是对文档文本的附加说明。脚注一般出现在文档当前页面的底端，常用于对文档中某些文本的注释；尾注一般出现在整个文档或节的末尾，多用于说明引用文献的出处。

1. 添加脚注

将光标定位到需要添加脚注的位置，单击"引用"选项卡的"插入脚注"按钮，WPS将自动跳转至文档当前页的底端，在脚注编号后输入脚注内容即可。使用相同的方法可添加其他脚注，添加的脚注会根据脚注在文档的位置自动顺序编号。

如果要删除脚注，只需选中文中脚注的编号，按【Delete】键删除，页面底端的脚注内容将随之自动删除。

2. 添加尾注

将光标定位到需要添加尾注的位置，单击"引用"选项卡的"插入尾注"按钮，WPS将自动跳转至文档的末尾位置，在尾注编号后输入尾注内容即可。使用相同的方法可添加多个尾注。删除尾注的方法与脚注相似。

5.5.6 文档修订与批注

在实际工作中，重要的文档通常由作者编辑完成后，还需要交由审阅者进行审阅，经过多次修改才能最终定稿。使用WPS提供的修订和批注功能，可以方便地标注文档中需要修改的地方，便于作者查看和参考。

1. 添加批注

使用批注可以在文档中添加注释、建议或批语等信息。具体操作方法如下：

选中文本或将光标定位至需要插入批注的位置，单击"审阅"选项卡的"插入批注"按钮，在文档右侧将出现批注框，并使用连接线与选定文本相连，此时在批注框中输入批注内容即可。

作者在查看批注后，可以使用批注框右侧的"编辑批注"按钮对批注进行处理。单击"答复"命令，可以在该批注的下方输入答复内容，同时批注框中将显示答复者的用户名和答复时间；单击"解决"命令，批注内容将呈灰显，并显示"已解决"；如果不需要再显示批注，可以单击"删除"命令将批注删除。

2. 修订文档

对文档进行修订前，需要先启用修订功能，具体操作方法如下：

单击"审阅"选项卡的"修订"按钮，该按钮呈选中状态表明进入修订模式，此时对文档进行的所有编辑操作都会被记录下来，修订的文本行左侧会显示一条竖线，添加的文本下方将显示下画线；删除的文本处会显示一条虚线，并在文档右侧显示删除的内容。

审阅者对文档进行修订后，需要作者对修订的内容进行确认，具体操作方法如下：

若要接受修订，可以单击要接受修订的项目，然后在"审阅"选项卡中单击"接受"下拉按钮，在打开的下拉列表中选择"接受"命令；若要全部接受，则选择"接受对文档所做的所有修订"命令，此时文档会保存为审阅者修改后的状态。

若要拒绝修订，可以单击要拒绝修订的项目，然后在"审阅"选项卡中单击"拒绝"下拉按钮，在打开的下拉列表中选择"拒绝"命令；若要全部拒绝，则选择"拒绝对文档所做的所有修订"命令，此时文档会恢复到修改前的状态。

习题

一、填空题

1. WPS文字提供了多种视图模式，其中_____模式下，文档在屏幕上的显示与打印效果最接近。

2. 编辑WPS文档时，将鼠标指针指向某段落左边的空白处，此时_____鼠标左键，可以选中当前段落。

3. 如果一篇文档中所有的"技术"二字都被误输入为"基数"，最快捷的修改方法是使用WPS文字的_____命令。

4. WPS文字的文本框包括_____、_____和_____三种类型。

5. 要在WPS文字的一个多页文档中设置多个不同的页眉页脚，必须先使用_____将文档内容划分为不同的页面。

二、选择题

1. 使用WPS编辑文档时，通过标尺不能调整段落的（　　　）。

A. 首行缩进位置　B. 左缩进位置　　　C. 右缩进位置　　　　D. 行距

2. 在文档编辑状态，按下（　　　）键可以在"插入"和"改写"两种输入模式间切换。

A.【Delete】　　　B.【Backspace】　　C.【Insert】　　　　D.【Home】

3. 关于"格式刷"，下列叙述错误的是（　　　）。

A. 使用格式刷前，需先选中原格式所在的文本

B. 格式刷既可以复制文档中的文本，也可以复制格式

C. 单击"格式刷"按钮，可以复制一次格式，双击"格式刷"按钮可以复制多次格式

D. 格式刷按钮在"开始"选项卡的"剪贴板"功能区中

4. 选择表格的某个单元格后，按下【Delete】键将（　　　）。

A. 删除该单元格　　　　　　　　B. 删除单元格所在列

C. 删除单元格中的内容　　　　　D. 删除单元格所在行

5. 在WPS文字中，插入图片的默认环绕方式为（　　　）。

A. 嵌入型　　　　B. 四周型　　　　C. 紧密型　　　　D. 穿越型

6. 在形状列表中选中了"矩形"形状，拖动鼠标的同时按下（　　　）键可以绘制正方形。

A.【Tab】　　　　B.【Shift】　　　　C.【Ctrl】　　　　D.【Alt】

7. 以下系统预设样式中，不能作为文档目录被引用的样式是（　　　）。

A. 标题1　　　　B. 标题2　　　　C. 标题3　　　　D. 正文

三、操作题

1. 新建WPS文档，以某一个体育运动项目（如篮球）为主题，在文档中自行输入或者从网络上搜索收集相关文字，对该运动项目进行介绍。文档标题自拟，正文部分至少包含三个自然段落。

2. 设置标题格式：黑体字体、三号字，标准色蓝色、居中对齐，段后间距1行。

3．设置正文格式：宋体字体、小四号字，首行缩进2字符，两端对齐，1.5倍行距，段前段后间距0.5行。

4．正文第一段：首字下沉，下沉行数2行，距正文0厘米。

5．正文第二段：段落左右各缩进1厘米，并添加标准色红色、1.5磅边框，标准色黄色底纹，应用于段落。

6．正文第三段：分为两栏，栏间加分隔线。

7．在文档中插入一张与该运动项目有关的图片，设置紧密型环绕方式，图片宽度3厘米。

8．在文档末尾另起一行，插入一个4行5列的表格；设置表格行高为0.3厘米，列宽为1.2厘米；并将表格外框线设为1.5磅单实线，内部框线设为1磅单实线。

第6章

WPS 表格处理

本章要点：

- 工作簿的基本操作。
- 数据的录入与高效填充。
- 工作表的美化与编辑。
- 数据计算与公式的使用。
- 数据的处理与分析。
- 使用图表。

WPS 表格是一个电子表格软件，是应用众多的电子表格类处理软件之一，它具有丰富的函数及强有力的数据管理功能，广泛应用于金融、经济、统计、财务及行政等众多领域中。本章主要介绍 WPS 表格的应用，帮助初学者熟悉 WPS 表格的使用方法。

6.1 工作簿的基本操作

WPS 表格启动可以通过以下三种方法实现。方法一：用"开始"菜单；方法二：双击任何一个 WPS 表格文件，同时打开此工作簿；方法三：双击桌面上的 WPS Office 快捷方式图标。

WPS 表格启动后，界面如图 6-1 所示。

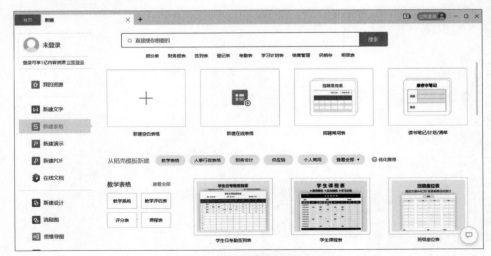

图 6-1　WPS 表格初始界面

此页面有模板文件供用户使用，如不需模板，可单击"新建空白表格"按钮，即可进入电子表格空白编辑界面，如图6-2所示。

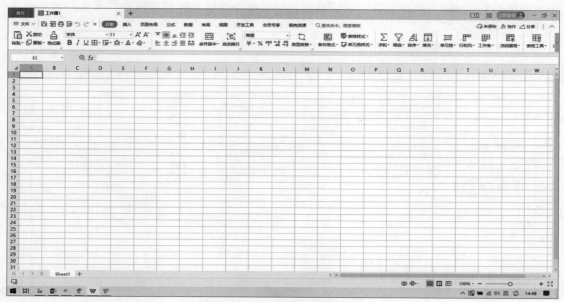

图 6-2　WPS 表格工作界面

6.1.1　工作簿的操作

工作簿指的是在WPS表格环境中用来存储、处理数据的文件，是WPS表格存储数据的基本单位。在WPS中，一个工作簿就像一个账本，每个工作簿包含多个工作表，工作表是一个由行和列交叉排列的二维表格，用来组织和管理数据，是工作簿的重要组成部分。

每个工作簿文件在默认情况下打开1个工作表，为Sheet1。WPS表格中每个工作簿文件默认保存为"工作簿1.xlsx"。

工作表中行和列交叉的部分称为单元格，是工作表的基本数据单元，输入的数据都保存在单元格中，单元格的名字由列标和行号来标识。当前正在使用的单元格会以绿框标识，称为活动单元格。

当前选定的多个单元格区域称为活动单元格区域，单元格区域用"左上角单元格地址：右下角单元格地址"来标识，例如：B3：C6表示B列到C列，3行到6行的矩形单元格区域。

1. 新建工作簿

启动WPS后，选择"文件"→"新建"→"新建表格"命令，在右侧区域选择"新建空白表格"，即可创建一个空白工作簿。

也可使用快速访问工具栏的"新建"按钮或按【Ctrl+N】组合键新建工作簿。

2. 打开工作簿

单击快速访问工具栏的"打开"按钮或者选择"文件"→"打开"命令，出现"打开"对话框。在"打开"对话框中选择要打开的工作簿所在的驱动器、文件夹和工作簿名，双击工作簿名或者单击"打开"按钮，便可将所选的工作簿打开。

3. 保存工作簿

选择"文件"→"保存"或"另存为"命令，或者单击快速访问工具栏的"保存"按钮，会出现图 6-3 所示的"另存文件"对话框，在对话框中设置文件的存放路径和文件名，单击"保存"按钮即可。

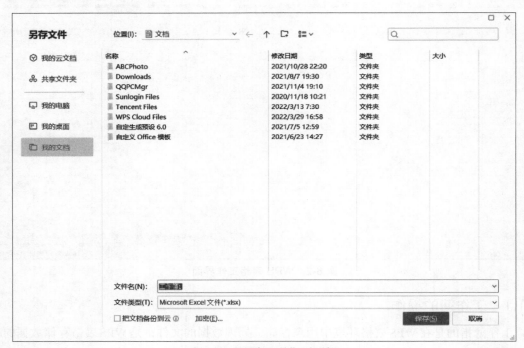

图 6-3 "另存文件"对话框

4. 关闭工作簿

单击工作簿窗口右上角的"关闭"按钮或者在文档切换标签右击，在弹出的快捷菜单中选择"关闭"命令，即可关闭工作簿。

6.1.2 工作表的操作

1. 切换工作表
单击工作表标签，可切换工作表。

2. 选定工作表
单击工作表标签，可选定工作表。

3. 重命名工作表
选择工作表标签后，右击在弹出的快捷菜单中选择"重命名"命令；或者双击工作表标签，这时工作表的标签名就会被选中，直接输入新的名称即可；或者在"开始"选项卡，单击"工作表"按钮，选择"重命名"命令。

4. 插入工作表
确定插入的位置后，右击工作表标签，在弹出的快捷菜单中选择"插入工作表"命令；或者在"开始"选项卡，单击"工作表"按钮，选择"插入工作表"命令。

5. 删除工作表

选择工作表标签后，右击，在弹出的快捷菜单中选择"删除工作表"命令；或者在"开始"选项卡，单击"工作表"按钮，选择"删除工作表"命令。

6. 移动或复制工作表

同一个工作簿中的操作：直接拖动实现移动，按住【Ctrl】键拖动鼠标实现复制；或者在"开始"选项卡，单击"工作表"按钮，选择"移动或复制工作表"命令，在图 6-4 所示的"移动或复制工作表"对话框中设置。

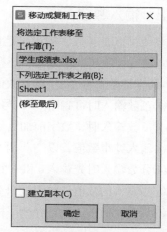

图 6-4 "移动或复制工作表"对话框

▌ 6.2 数据的录入与高效填充

在 WPS 表格中，数据可以分为两大类：文本型数据和数值型数据。

6.2.1 输入文本

文本型数据主要包括字母、汉字、数字、空格、符号等。文本型数据不能参与数值计算，但可作为函数参数使用。文本型数据在单元格中的默认对齐方式为左对齐。

当在单元格中输入的数字大于 11 位数时，会默认将其识别为文本型数据，此时单元格左上角会有一个绿色的三角形标志。选中该单元格，单元格右侧会出现提示按钮，单击该按钮，在弹出的菜单中可选择将其转换为数字或忽略错误，如图 6-5 所示。

当在单元格中输入的数字小于 11 位数时，会默认将其识别为数值型数据，如果需要将这些数据转化为文本类型，可以通过以下两种方法实现。方法一：在输入数字前先输入英文状态下的单引号"'"，再输入内容，如图 6-6 所示。方法二：选中要输入数据的单元格，右击，在弹出的快捷菜单中选择"设置单元格格式"命令，在弹出的对话框中切换到"数字"选项卡，在"分类"列表中选择"文本"选项，然后单击"确定"按钮。

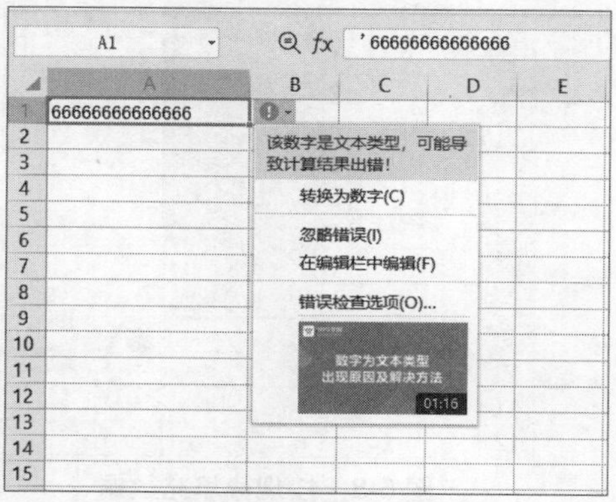

图 6-5 输入文本

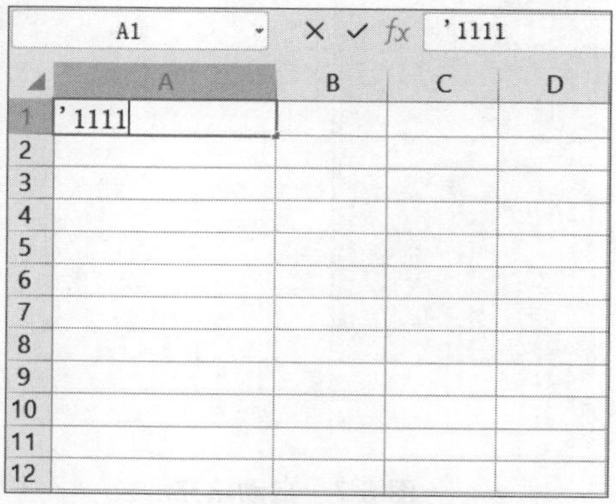

图 6-6 输入由数字组成的文本

6.2.2 输入数字

数值可以是正数，也可以是负数，但共同的特点是都可以进行数值计算，如加减、求和、求平均值等。除了数字之外，还有一些特殊的符号也被理解为数值，如百分号（％），货币符号（＄）、科学计数符号（E）等。数值型数据在单元格中的默认对齐方式为右对齐。

①正数输入时可省略"＋"号。

②负数输入时，数字前加负号或将数字置于圆括号中。

③输入纯小数值，以"."开头，数值前自动补"0"。

④分数输入时先输入0和一个空格，再输入分数，如0 2/5。

⑤当输入的数值位数超过11位时，系统会自动表示成科学计数法，如5.28E+10。

⑥当单元格中出现"####"标记，说明该单元格所在列的列宽太小。

6.2.3 输入日期和时间

在输入日期时，一般用斜杠（/）或者连字符（-）用作日期分隔符，隔开年、月、日，如"22/05/16"或者"22-05-16"；输入时间时，冒号（：）用作时间分隔符，隔开时、分、秒，如"10:00"。需要注意的是，若在某一个单元格中同时输入日期和时间，在其之间必须输入空格加以分隔，如"2022-06-16 10:30"。

可以按【Ctrl+；】组合键输入当前日期，按【Ctrl+Shift+；】组合键输入当前时间。

6.2.4 自动填充数据

在使用WPS表格时，为了提高工作效率，可以在WPS表格中使用自动填充的功能。可以填充的常用序列有两类。一类是星期、月份、季度等文本型的序列，此时，只需要输入第一个值（比如一月），然后拖动填充句柄即可完成填充，如图6-7所示；另一类是如1、2、3或2、4、6等数值型的序列，此时，需要输入两个数值，体现出数值的变化规律，然后拖动填充句柄即可按规律填充数据，如图6-8所示。

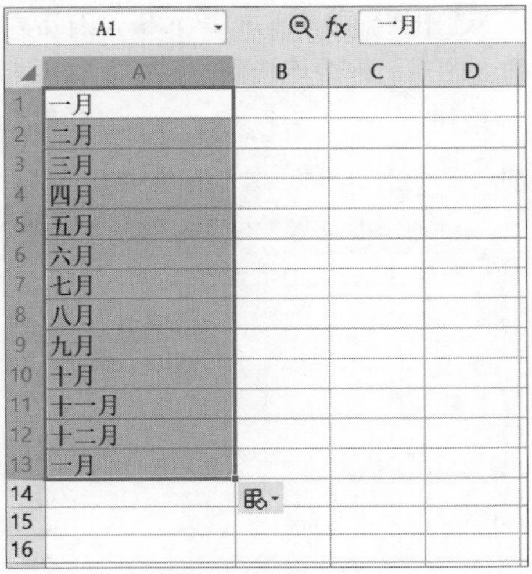

图 6-7 自动填充

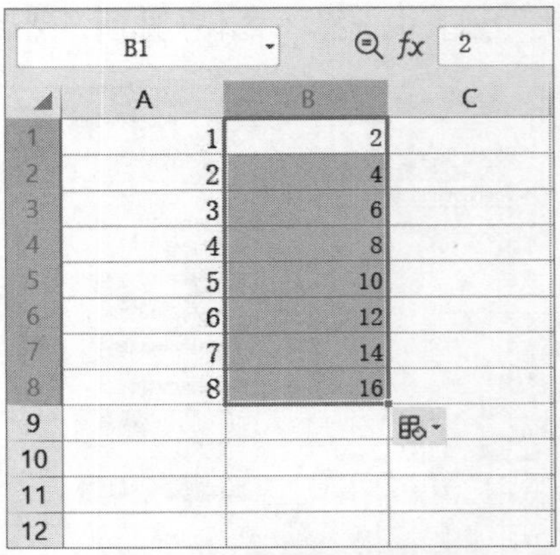

图 6-8 按规律填充数据

填充句柄为活动单元格右下角的小黑点，当光标靠近时会变成十字形状。

也可通过选择"开始"→"填充"→"系列"命令在"序列"对话框中进行相关设置，如图6-9所示。

图6-9　"序列"对话框

6.3　工作表的美化与编辑

可以通过设置字体格式、对齐方式、调整行高和列宽、边框、底纹等方式设置单元格格式，从而美化表格。

在单元格上右击，在弹出的快捷菜单中选择"设置单元格格式"命令，可打开"单元格格式"对话框，如图6-10所示，在数字、对齐、字体、边框、图案和保护选项卡中，可设置单元格的数字格式、对齐方式、字体格式、边框、图案等。

图6-10　"单元格格式"对话框

6.3.1　数据类型的设置

在A2单元格输入日期型数据"2022/5/1"，光标移动到右下角小黑点处，拖动填充句柄，可自动生成日期，如图6-11所示。还可以修改日期的格式，选中日期所在的单元格，并右击，在弹出的快捷菜单中选择"设置单元格格式"命令，在弹出的"单元格格式"对话框中的"数字"选项卡中选择"分类"中的"日期"，在类型中选择所需的日期格式即可，如图6-12所示。

还可以在"单元格格式"对话框中的"数字"选项卡的"分类"中选择数值、货币、会计专用、时间、百分比、分数、科学记数等设置小数的位数、货币符号的类型、时间格式等。

图 6-11　自动填充日期

图 6-12　"数字"选项卡

6.3.2　对齐方式的设置

在 WPS 表格中设置对齐方式，首先选中需要设置对齐方式的单元格，单击"开始"选项卡中的"对齐方式"功能区中的相应按钮，可设置对齐方式（见图 6-13）。也可选中需要设置对齐方

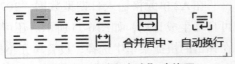

图 6-13　"对齐方式"功能区

式的单元格，右击，在弹出的快捷菜单中选择"设置单元格格式"命令，在弹出的"单元格格式"对话框中单击"对齐"选项卡，进行相关的设置，如图 6-14 所示。

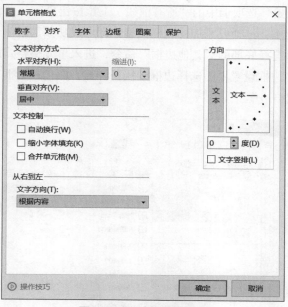

图 6-14 "对齐"选项卡

6.3.3 字体的设置

在 WPS 表格中，关于字体的设置，可以在"开始"选项卡的"字体"功能区中设置，也可以在"单元格格式"对话框中单击"字体"选项卡，进行相关设置，如图 6-15 所示。

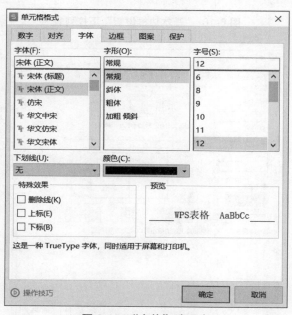

图 6-15 "字体"选项卡

6.3.4 边框的设置

在 WPS 表格中，工作表若没有设置边框，打印出来的工作表是没有表格线的，选择添加边框区域后，单击"开始"选项卡中的"所有框线"下拉按钮 ，弹出带有基本边框设置的下拉列表，如图 6-16 所示，选择要添加的边框类型，即可成功添加边框。如果认为下拉列表中的边框不够漂亮，可以选择底部的"其他边框"命令，进入单元格格式的边框界面，自定义边框，如图 6-17 所示，在边框设置界面选择边框线线条样式、颜色和边框区域。设置完成后，单击"确定"按钮添加表格边框。

图 6-16 "基本边框设置"下拉列表

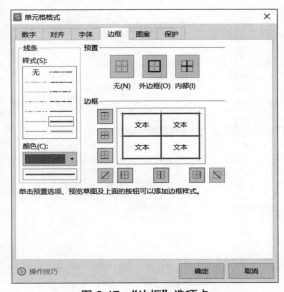

图 6-17 "边框"选项卡

6.3.5 图案的设置

在 WPS 表格中，选中需要添加图案颜色的单元格，右击，在弹出的快捷菜单中选择"设置单元格格式"命令，在弹出的"单元格格式"对话框中单击"图案"选项卡，选定"图案颜色"，以及"图案样式"，完成后单击"确定"按钮，如图6-18所示。也可单击"填充效果"按钮，在打开的"填充效果"对话框中进行设置，如图6-19所示。

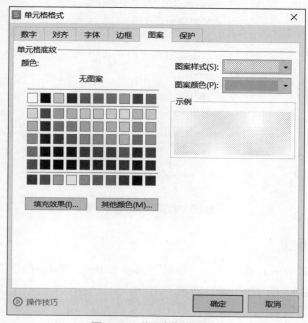

图 6-18 "图案"选项卡

图 6-19 "填充效果"对话框

6.3.6 行高和列宽的设置

调整表格行高和列宽：拖动法或选定要调整的行（或列），在"开始"选项卡中单击"行和列"的下拉按钮，在下拉列表中选择"行高"（或"列宽"）命令，在打开的"行高"（或"列宽"）对话框中输入精确的磅值或单击"增加""减少"下三角按钮进行调节，再单击"确定"按钮即可，如图6-20所示。

图 6-20　行高和列宽的设置

6.3.7　自动套用格式

选中需要设置样式的单元格，单击"开始"选项卡中的"表格样式"下拉按钮。在下拉列表中选择所需表格样式即可，如图6-21所示。

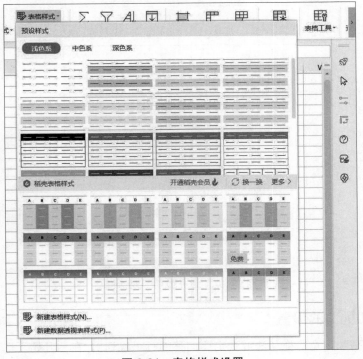

图 6-21　表格样式设置

6.3.8 条件格式设置

条件格式是指为满足特定条件的单元格填充格式，在使用条件格式前，首先需要我们明确判断的条件，再进行填充格式的设置。条件格式一般用于表格数据的突出以及表格的美化。设置条件格式的方法如下：选中需要设置条件格式的单元格，选中"开始"选项卡中的"条件格式"下拉按钮，在下拉列表中选择合适的规则，完成设置，如图6-22所示。

图 6-22 条件格式设置

▌ 6.4 数据计算与公式的使用

WPS表格是一款功能非常强大的数据处理软件，WPS表格之所以有强大的数据计算、数据处理功能，公式和函数起到了重要作用。

WPS表格可以使用公式对表格中的数据进行加、减、乘、除运算，也可以使用函数进行一些复杂运算，大大地提高了用户的工作效率。

6.4.1 WPS公式介绍

WPS表格中的公式由操作数和运算符组成。操作数可以是数字、单元格地址、单元格区域、文本、函数，也可以是另外一个公式。运算符主要用于连接操作数并产生相应的计算结果。运算符包括以下几种：

算术运算符：+、-、*、/、^（乘方）、%（求余）等。

关系运算符：>、<、=、>=、<=、<>。

文本运算符：&。&运算符可以将一个或者多个单元格中的文本连接成一个文本。

引用运算符："，"和"："。"，"用于引用不相邻的多个单元格区域，如"C2，D3"；"："用于引用相邻的多个单元格区域，如"A1:B6"。

公式是计算表格数据非常有效的工具。WPS表格可以自动计算公式表达式的结果，并显示在相应的单元格中。WPS表格中的公式遵循特定的语法：最前面是等号，后面是参与计算的操作数和运算符。如果公式中同时用到了多个运算符，则需按照运算符的优先级别进行运算，如果公式中包含了相同优先级别的运算符，则先进行括号里面的运算，然后再从左到右依次计算。

6.4.2 公式的使用

WPS 表格中的公式可以帮助用户快速完成各种计算，而为了进一步提高计算效率，在实际计算数据的过程中，用户除了需要输入和编辑公式，通常还需要对公式进行填充、复制和移动等操作。

1. 输入公式

在 WPS 表格中，输入公式的方法和输入数据的方法类似。输入公式的方法：选择要输入公式的单元格，在单元格或者在编辑栏中输入"="，然后输入公式内容，完成后单击编辑栏上的"输入"按钮或按【Enter】键。

在单元格输入公式后，按下【Enter】键后，在计算出结果的同时会选择同一列的下一个单元格；按下【Tab】键后，在计算出结果的同时会选择同一行的下一个单元格；按下【Ctrl+Enter】组合键，则在计算出结果后，保持当前单元格的选择状态。

2. 编辑公式

在 WPS 表格中，编辑公式和编辑数据的方法相同。首先选定有公式的单元格，将插入点定位在编辑栏或者定位在单元格中需要修改的位置，删除多余或错误的内容，然后输入正确的内容，完成后按【Enter】键可完成公式的编辑。WPS 表格会按照新公式自动计算。

3. 填充公式

在输入公式完成计算以后，如果该行或者该列后面的其他单元格需使用该公式进行计算，可通过填充公式的方式快速完成其他单元格的计算。

首先选定已输入公式的单元格，将鼠标指针移至该单元格右下角的控制柄上，当其变为实心十字形状时，按住鼠标左键不放并拖动至所需位置，释放鼠标，即可在选择的单元格区域中填充相同的公式并计算出结果，如图 6-23 所示。

4. 复制和移动公式

在 WPS 表格中，快速计算数据最佳的方法就是复制公式。在复制公式的过程中，WPS 表格会自动改变所引用单元格的地址，从而避免手动输入公式，提高工作效率。一般使用"开始"选项卡或者右击后选择复制/粘贴命令，还可以通过拖动控制柄进行公式的复制；也可选择输入了公式的单元格，用【Ctrl+C】组合键进行复制，然后再将文本插入点定位到要复制到的单元格，用【Ctrl+V】组合键粘贴，以上操作可完成对公式的复制。

移动公式是将原单元格的公式移动到目标单元格中，公式在移动的过程中不会发生改变。使用"开始"选项卡或者右击后选择剪切/粘贴命令，也可选择输入了公式的单元格，用【Ctrl+X】组合键进行剪切，然后再将文本插入点定位到要移动到的单元格，用【Ctrl+V】组合键粘贴，以上操作可完成对公式的移动。

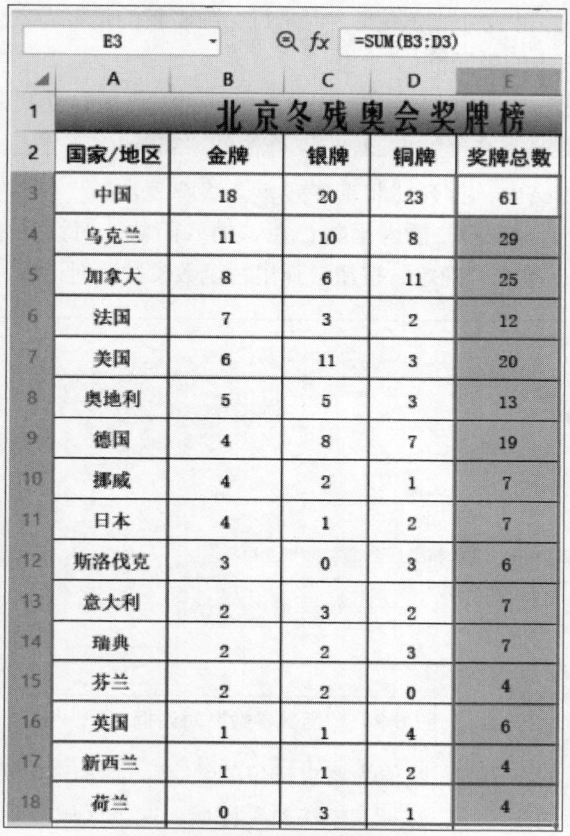

E3 =SUM(B3:D3)

	A	B	C	D	E
1	北京冬残奥会奖牌榜				
2	国家/地区	金牌	银牌	铜牌	奖牌总数
3	中国	18	20	23	61
4	乌克兰	11	10	8	29
5	加拿大	8	6	11	25
6	法国	7	3	2	12
7	美国	6	11	3	20
8	奥地利	5	5	3	13
9	德国	4	8	7	19
10	挪威	4	2	1	7
11	日本	4	1	2	7
12	斯洛伐克	3	0	3	6
13	意大利	2	3	2	7
14	瑞典	2	2	3	7
15	芬兰	2	2	0	4
16	英国	1	1	4	6
17	新西兰	1	1	2	4
18	荷兰	0	3	1	4

图 6-23　拖动鼠标指针填充公式

6.4.3　单元格的引用

单元格的引用是指包括单个单元格或者多个单元格组成的单元格区域，以及已经命名的单元格区域。在公式和函数中，需要引用单元格，标识工作表中的单元格、单元格区域，并通过引用单元格来标识公式中所使用的地址，在创建公式时可以直接通过引用单元格的方法快速创建公式完成计算，从而提高数据的计算效率。

1. 单元格引用类型

在计算数据表中的数据时，通常会通过复制或移动公式来实现快速计算，这就涉及单元格引用的知识。根据单元格地址是否改变，可将单元格引用分为相对引用、绝对引用和混合引用。

相对引用：相对引用是指输入公式时直接通过单元格地址来引用单元格。相对引用单元格后，如果复制或剪切公式到其他单元格，那么公式中引用的单元格地址会根据复制或剪切的位置而发生相应改变。

绝对引用：绝对引用是指无论引用单元格的公式位置如何改变，所引用的单元格均不会发生变化。绝对引用的形式是在单元格的行列号前加上符号“$”。

混合引用：混合引用包含了相对引用和绝对引用。混合引用有两种形式：一种是行绝对、列相对，如“B$2”，表示行不发生变化，但是列会随着新的位置而发生变化；另一种是行相对、列绝对，如 "SB2"，表示列保持不变，但是行会随着新的位置而发生变化。

2. 引用不同工作表中的单元格

在制作表格时，有时需要调用不同工作表中的数据，此时就需要引用其他工作表中的单元格。

【例6-1】在 "北京冬残奥会奖牌表.xlsx" 工作簿的 "Sheet1" 工作表中，计算奖牌榜排位。

步骤1 在 WPS Office 中，打开 "北京冬残奥会奖牌表.xlsx" 工作簿，选择 "Sheet1" 工作表的 F3 单元格，单击 *fx* 按钮，插入函数，在 "插入函数" 对话框中，选择 "全部" 下的 "RANK()" 函数求排位，单击 "确定" 按钮，弹出 "函数参数" 对话框，如图6-24所示。

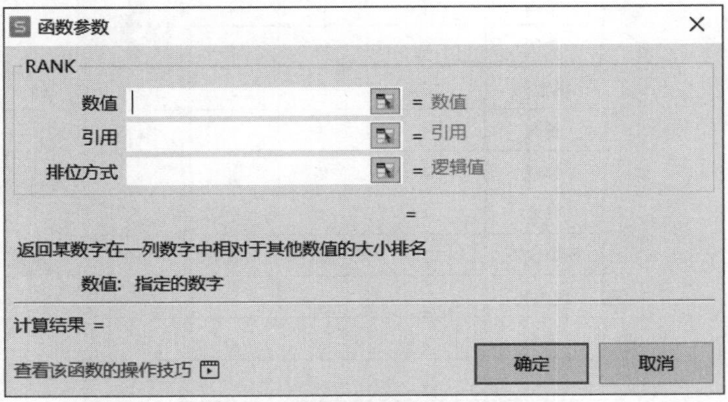

图 6-24　"函数参数" 对话框

步骤2 单击数值后的按钮，数值为要求排位的数字，选择 E3 单元格。

步骤3 单击引用后的按钮，选择 "E3:E21" 区域，这个区域在后面填充函数时希望固定不变，需要使用绝对引用或者混合引用，将 "E3:E21" 改为 "$E$3:$E$21"（绝对引用）或者 "E$3:E$21"（混合引用，因为向下填充时列号不变）。

步骤4 排位方式参数省略，表示降序，如图6-25所示。单击 "确定" 按钮后，排位自动计算出来。

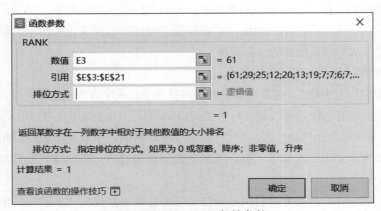

图 6-25　RANK 函数的参数

步骤5 选中F3单元格，将鼠标指针移至F3单元格右下角的控制柄上，当其变为十字形状时，按住鼠标左键不放并拖动至F21单元格，松开鼠标，计算其他奖牌榜排位，效果如图6-26所示。

北京冬残奥会奖牌榜					
国家/地区	金牌	银牌	铜牌	奖牌总数	奖牌榜排名
中国	18	20	23	61	1
乌克兰	11	10	8	29	2
加拿大	8	6	11	25	3
法国	7	3	2	12	7
美国	6	11	3	20	4
奥地利	5	5	3	13	6
德国	4	8	7	19	5
挪威	4	2	1	7	8
日本	4	1	2	7	8
斯洛伐克	3	0	3	6	12
意大利	2	3	2	7	8
瑞典	2	2	3	7	8
芬兰	2	2	0	4	14
英国	1	1	4	6	12
新西兰	1	1	2	4	14
荷兰	0	3	1	4	14
澳大利亚	0	0	1	1	17
哈萨克斯坦	0	0	1	1	17
瑞士	0	0	1	1	17

图 6-26　排位后的工作表

6.4.4　函数的使用

WPS 表格中的函数实际上就是预设好的公式，使用这些函数可以简化公式的输入过程，从而提高计算的效率。WPS 中的函数使用参数按照特定的顺序或者结构进行计算，用户可以直接使用它们对某个区域内的数值进行运算。

函数的使用

WPS 中的函数主要包括财务、日期与时间、数学与三角函数、统计、查找与引用、数据库、文本、逻辑、信息、工程等类型。函数由 3 个部分组成，分别是：等号、函数名和函数参数，其中的函数名表示函数的功能，每一个函数都具有唯一的函数名；函数参数指函数的运算对象，可以是文本、数字、表达式、逻辑值、引用或者其他函数等。

1. WPS 表格中的常用函数

WPS 表格中提供了多种函数，每个函数的功能、语法结构、参数的含义各不相同，除使用较多的求和 SUM 函数和求平均 AVERAGE 函数，常用的函数还有 MAX 函数、MIN 函数、IF 函数、COUNT 函数、COUNTA 函数、COUNTIF 函数、COUNTIFS 函数、RANK 函数、TODAY 函数、DATE 函数、YEAR 函数、MONTH 函数等。

SUM 函数：SUM 函数的功能是计算单元格区域中所有数值的总和，其语法结构为"SUM(number1,number2,…)"，其中，number1,number2,…表示若干个需要求和的参数。填写参数时，可以使用单元格地址（如A1, A2, A3），也可以使用单元格区域（如A1:A3）。

AVERAGE 函数：AVERAGE 函数的功能是计算所有参数的平均值，参数可以是数值、名称、数组、引用。计算方法是将选定的单元格或单元格区域中的数据先相加，再除以单元格个数。其语法结构为"AVERAGE(number1, number2,…)"，其中，number1,number2,…表示若干个需要求平均值的数值或引用单元格（区域）。

MAX 函数：MAX 函数的功能是返回被选中单元格区域中所有数值的最大值，其语法结构为"MAX(number1,number2,…)"，其中，number1,number2,…表示若干个需要求最大值的数值或引用单元格（区域）。

MIN 函数：MIN 函数的功能是返回所选单元格区域中所有数值的最小值。其语法结构为"MIN(number1,number2,…)"，其中，number1,number2,…表示若干个需要求最小值的数值或引用单元格（区域）。

IF 函数：IF 函数是一种常用的条件函数，它判断一个条件的真假值，并根据逻辑计算的真假值返回不同的结果。其语法结构为"IF(logical_test,value_if_ true,value_if_false)"。其中，logical_test表示计算结果为true或false的任意值或逻辑表达式；value_if_true表示 logical_test为"真（true）"时要返回的值，可以是任意数据；value_if_false表示logical_test为"假（false）"时要返回的值，也可以是任意数据。

COUNT 函数：COUNT 函数的功能是计算包含数字的单元以及包含参数列表中的数字的单元格的个数。其语法结构为"COUNT(value1,value2,…)"，其中，value1,value2,…为包含或引用各种类型数据的参数，但只有数字类型的数据才被计算。

COUNTA 函数：COUNTA 函数的功能是计算非空单元格的个数。其语法结构为"COUNTA(value1,value2,…)"，其中，value1、value2,…为包含或引用各种类型数据的参数，不会对空单元格进行计数。

COUNTIF 函数：COUNTIF 函数的功能是计算某个区域中满足给定条件的单元格的个数。其语法结构为"COUNTIF(range,criteria)"，其中，参数range代表要统计的单元格区域，criteria表示给定的条件表达式。

COUNTIFS 函数：COUNTIFS 函数的功能是计算多个区域中满足给定条件的单元格的个数。其语法结构为"COUNTIFS (criteria_range1,criteria1，[criteria_range2,criteria2],…)"，其中，参数criteria_range1代表第一个需要计算其中满足某个条件的单元格区域，criteria1代表第一个区域中将被计算在内的条件；同理，criteria_range2为第二个单元格区域，criteria2为第二个条件，依次类推。最终结果为多个区域中满足所有条件的单元格个数。

RANK 函数：RANK 函数是排名函数，其功能是返回某数字在一列数字中相对于其他数值的大小排名。其语法结构为"RANK(number,ref,order)"，其中，参数number为需要排位的数字；参数ref为数字列表数组或对数字列表的引用；参数order指排位的方式，order的值若为0或忽略，按降序排序；order的值若为非零值，按升序排序。

TODAY 函数：TODAY 函数返回日期格式的当前日期，该函数不需要参数。

DATE 函数：DATE 函数的功能是返回代表特定日期的序列号。其语法结构为"DATE（year,month,day）"，其中，参数 year 为指定的年份数值，参数 month 为指定的月份数值，参数 day 为指定的天数。

YEAR 函数：YEAR 函数的功能是返回以序列号表示的某日期的年份，介于1900到9999之间的整数。其语法结构为"YEAR(serial_number)"，其中参数 serial_number 代表一个日期值，其中包含要查找的年份。

MONTH 函数：MONTH 函数的功能是返回以序列号表示的某日期的月份，介于1到12之间的整数。其语法结构为"MONTH(serial_number)"，其中参数 serial_number 代表一个日期值，其中包含着要查找的月份。

2. 插入函数

在 WPS 表格中可以通过以下两种方式来插入函数。

选择要插入函数的单元格后，单击编辑栏中的 fx 按钮，在打开的"插入函数"对话框中选择函数后，单击"确定"按钮，如图6-26所示，打开"函数参数"对话框，如图6-27所示，在其中对参数值进行准确设置后，单击"确定"按钮，即可在所选单元格中显示计算结果。

选择要插入函数的单元格后，在"公式"选项卡中单击"插入函数"按钮，在打开的"插入函数"对话框中选择函数后，单击"确定"按钮，如图6-27所示，打开"函数参数"对话框，如图6-28所示，在其中对参数值进行准确设置后，再单击"确定"按钮。

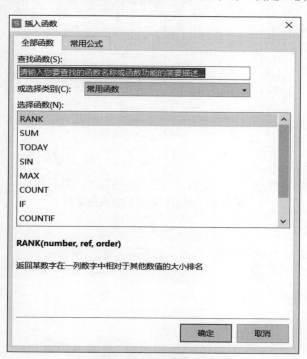

图 6-27 "插入函数"对话框

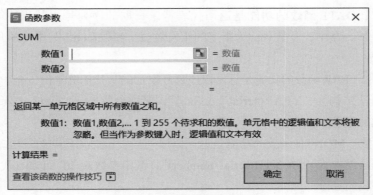

图 6-28　"函数参数"对话框

3. 快速计算与自动求和

WPS表格的计算功能非常人性化，用户既可以选择公式函数来进行计算，又可直接选择某个单元格区域查看其求和、求平均值等结果。

（1）快速计算

在状态栏上右击，在弹出的快捷菜单中按需求选择"求和"、"平均值"等命令，如图6-29所示，然后选中需要计算单元格之和或单元格平均值的区域，在WPS工作界面的状态栏会自动显示求和、平均值等结果，如图6-30所示。

图 6-29　状态栏右击后的快捷菜单

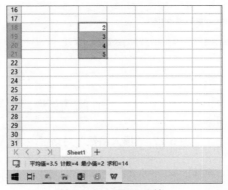

图 6-30　快速计算

（2）自动求和

求和函数用于计算某一单元格区域中所有数值之和。求和方法如下：选择需要求和的单元格，在"公式"选项卡中单击"自动求和"按钮，可在当前单元格中插入求和函数"SUM"，同时WPS表格将自动识别函数参数，单击编辑栏中的"输入"按钮或按【Enter】键，完成求和计算，如图6-31所示。

	SUM	▼	× ✓ fx	=SUM(B3:D3)	
	A	B	C	D	E	F
1	北京冬残奥会奖牌榜					
2	国家/地区	金牌	银牌	铜牌	奖牌总数	奖牌榜排名
3	中国	18	20		=SUM(B3:D3)	
4	乌克兰	11	10	8		
5	加拿大	8	6	11		
6	法国	7	3	2		
7	美国	6	11	3		
8	奥地利	5	5	3		
9	德国	4	8	7		
10	挪威	4	2	1		
11	日本	4	1	2		
12	斯洛伐克	3	0	3		
13	意大利	2	3	2		
14	瑞典	2	2	3		
15	芬兰	2	2	0		
16	英国	1	1	4		

图 6-31　自动求和

6.5　数据的处理与分析

WPS表格中提供了数据排序、数据筛选、分类汇总等功能。

6.5.1　数据排序

WPS表格提供了数据排序功能，用户可以对表格中的数据进行排序。排序用于将表格中的数据按一定的条件进行排序，该功能对浏览数据量较多的表格非常实用，例如，将学生成绩按高低顺序进行排序，用户就可以快速查找需要的数据。

1. 简单排序

在WPS表格中，简单排序是根据数据表中的数据或者是字段名，将表格中的数据按照升序或者降序的方式进行排列。简单排序是数据处理最常用的排序方式。简单排序的方法如下：选定要排序列中的任意单元格，单击"数据"选项卡中的"升序"按钮或"降序"按钮，即可实现数据的升序或降序排序，如图6-32所示，按照"性别"列升序排序。

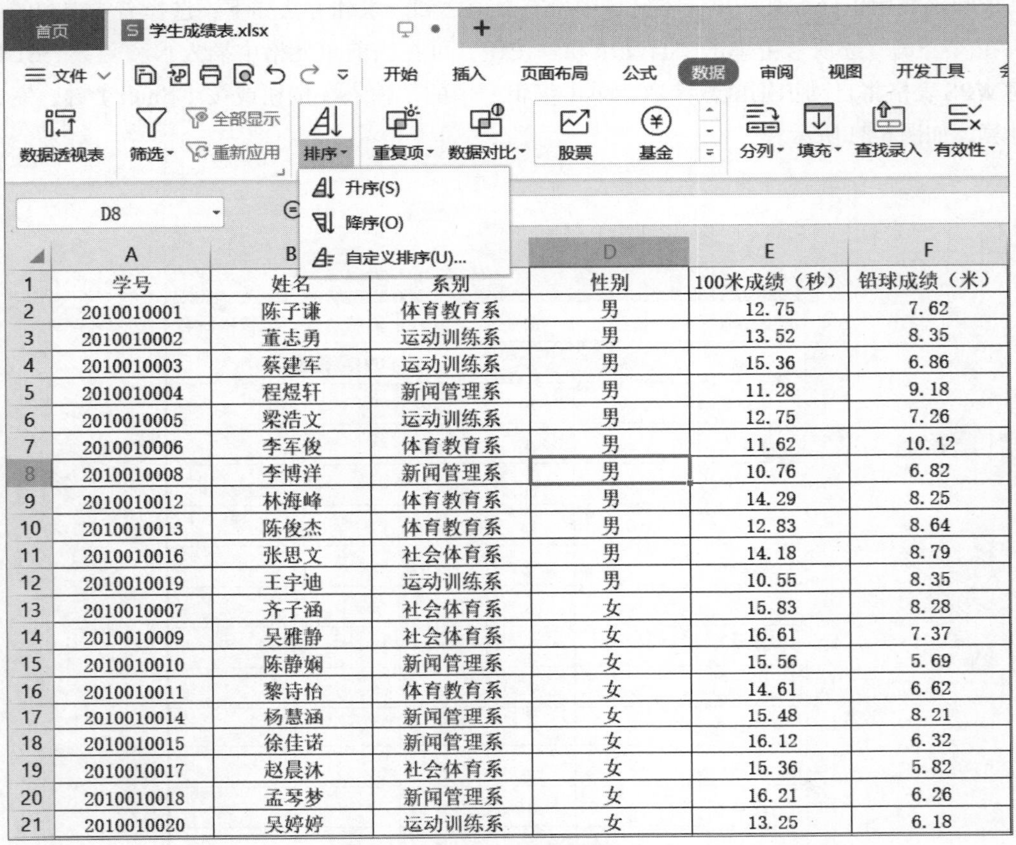

图 6-32　简单排序

2. 多重排序

在WPS表格中对数据表中的某一字段进行排序时，会出现记录有相同数据而无法正确排序的情况。此时就需要另设其他条件来对含有相同数据的记录进行排序。

【例6-2】对"学生成绩表.xlsx"工作簿进行多重排序。

步骤1在WPS Office中，打开"学生成绩表.xlsx"工作簿，在"Sheet1"工作表中选择任意一个单元格，这里选择B6单元格，单击"数据"选项卡中的"排序"按钮。

步骤2打开"排序"对话框，在"主要关键字"下拉列表中选择"100米成绩（秒）"选项，在"排序依据"下拉列表中选择"数值"选项，在"次序"下拉列表中选择"升序"选项，单击"添加条件"按钮。

步骤3在"次要关键字"下拉列表中选择"铅球成绩（米）"选项，在"排序依据"下拉列表中选择"数值"选项，在"次序"下拉列表中选择"升序"选项，单击"确定"按钮，如图6-33所示。此时，即可对数据表先按照"100米成绩（秒）"序列升序排序，对于"100米成绩（秒）"列中重复的数据，则按照"铅球成绩（米）"进行升序排序，如图6-34所示。

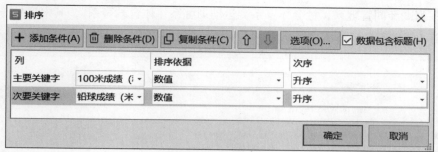

图 6-33 设置关键字

	A	B	C	D	E	F
1	学号	姓名	系别	性别	100米成绩（秒）	铅球成绩（米）
2	2010010019	王宇迪	运动训练系	男	10.55	8.35
3	2010010008	李博洋	新闻管理系	男	10.76	6.82
4	2010010004	程煜轩	新闻管理系	男	11.28	9.18
5	2010010006	李军俊	体育教育系	男	11.62	10.12
6	2010010005	梁浩文	运动训练系	男	12.75	7.26
7	2010010001	陈子谦	体育教育系	男	12.75	7.62
8	2010010013	陈俊杰	体育教育系	男	12.83	8.64
9	2010010020	吴婷婷	运动训练系	女	13.25	6.18
10	2010010002	董志勇	运动训练系	男	13.52	8.35
11	2010010016	张思文	社会体育系	男	14.18	8.79
12	2010010012	林海峰	体育教育系	男	14.29	8.25
13	2010010011	黎诗怡	体育教育系	女	14.61	6.62
14	2010010017	赵晨沐	社会体育系	女	15.36	5.82
15	2010010003	蔡建军	运动训练系	男	15.36	6.86
16	2010010014	杨慧涵	新闻管理系	女	15.48	8.21
17	2010010010	陈静娴	新闻管理系	女	15.56	5.69
18	2010010007	齐子涵	社会体育系	女	15.83	8.28
19	2010010015	徐佳诺	新闻管理系	女	16.12	6.32
20	2010010018	孟琴梦	新闻管理系	女	16.21	6.26
21	2010010009	吴雅静	社会体育系	女	16.61	7.37

图 6-34 查看多重排序效果

3. 自定义排序

在 WPS 表格中，如果需要将表格中数据按照除升序或降序以外的其他次序进行排序，则需设置自定义排序。

【例6-3】将"学生成绩表.xlsx"工作簿按照"系别"序列排序，次序为"新闻管理系→社会体育系→运动训练系→体育教育系"。

步骤1 在 WPS Office 中，打开"学生成绩表.xlsx"工作簿，选择"文件"→"选项"命令。

步骤2 打开"选项"对话框，单击"自定义序列"选项卡，在"输入序列"文本框中输入自定义的序列"新闻管理系，社会体育系，运动训练系，体育教育系"，其中逗号一定要在英文状态下输入，如图6-35所示。

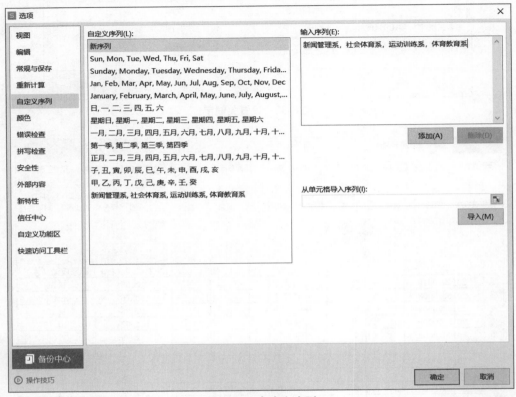

图6-35　自定义序列

步骤3 单击"添加"按钮，将输入的序列添加到"自定义序列"列表中，单击"确定"按钮。

步骤4 选择任意一个单元格，这里选择B6单元格，单击"数据"选项卡中的"排序"按钮。

步骤5 打开"排序"对话框，主要关键字下拉列表中选择"系别"选项，在"排序依据"下拉列表中选择"数值"选项，在"次序"下拉列表中选择"自定义序列"选项，如图6-36所示。

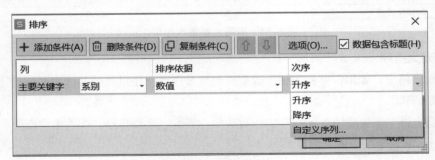

图6-36　设置关键字

步骤6 打开"自定义序列"对话框，在"自定义序列"列表中选择"新闻管理系，社会体育系，运动训练系，体育教育系"选项，单击"确定"按钮，如图6-37所示。

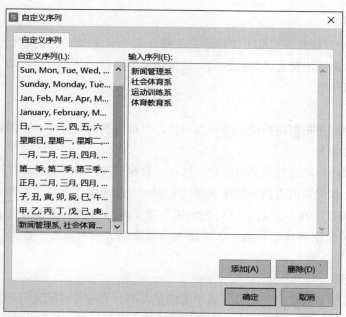

图 6-37　选择序列

步骤7 单击"确定"按钮，完成排序，返回 WPS 表格编辑界面，即可看到自定义排序后的效果，如图 6-38 所示。

	A	B	C	D	E	F
1	学号	姓名	系别	性别	100米成绩（秒）	铅球成绩（米）
2	2010010008	李博洋	新闻管理系	男	10.76	6.82
3	2010010004	程煜轩	新闻管理系	男	11.28	9.18
4	2010010014	杨慧涵	新闻管理系	女	15.48	8.21
5	2010010010	陈静娴	新闻管理系	女	15.56	5.69
6	2010010015	徐佳诺	新闻管理系	女	16.12	6.32
7	2010010018	孟琴梦	新闻管理系	女	16.21	6.26
8	2010010016	张恩文	社会体育系	男	14.18	8.79
9	2010010017	赵晨沐	社会体育系	女	15.36	5.82
10	2010010007	齐子涵	社会体育系	女	15.83	8.28
11	2010010009	吴雅静	社会体育系	女	16.61	7.37
12	2010010019	王宇迪	运动训练系	男	10.55	8.35
13	2010010005	梁浩文	运动训练系	男	12.75	7.26
14	2010010020	吴婷婷	运动训练系	女	13.25	6.18
15	2010010002	董志勇	运动训练系	男	13.52	8.35
16	2010010003	蔡建军	运动训练系	男	15.36	6.86
17	2010010006	李军俊	体育教育系	男	11.62	10.12
18	2010010001	陈子谦	体育教育系	男	12.75	7.62
19	2010010013	陈俊杰	体育教育系	男	12.83	8.64
20	2010010012	林海峰	体育教育系	男	14.29	8.25
21	2010010011	黎诗怡	体育教育系	女	14.61	6.62

图 6-38　查看自定义排序效果

6.5.2 数据筛选

在WPS表格中，有时需要从工作簿中查找符合某一个或多个条件的数据，可以使用WPS表格的筛选功能，筛选出符合条件的数据。筛选功能主要有"自动筛选"和"自定义筛选"两种，下面分别进行介绍。

1. 自动筛选

自动筛选数据就是根据用户设定的筛选条件，自动将表格中符合条件的数据显示出来。自动筛选数据的方法如下：

首先选定需要进行筛选的单元格区域，选择"数据"选项卡中的"筛选"按钮下拉列表中的"筛选"命令，这时候所有列标题单元格的右侧会自动显示"筛选"按钮，单击任一单元格右侧的"筛选"按钮，在打开的下拉列表中选中需要筛选的选项或取消选中不需要显示的数据，不满足条件的数据将自动隐藏。如果想要取消筛选，再次单击"数据"选项卡中的"筛选"按钮即可。

2. 自定义筛选

与数据排序类似，如果自动筛选方式不能满足需要，此时可自定义筛选条件。自定义筛选一般用于筛选数值型数据，通过设定筛选条件可将符合条件的数据筛选出来。

【例6-4】在"学生成绩表.xlsx"工作簿中筛选出"铅球成绩（米）"大于或等于"8"的数据记录。

步骤1 在WPS Office中，打开"学生成绩表.xlsx"工作簿，选择任意一个单元格，这里选择B6单元格，然后在"数据"选项卡中单击"筛选"按钮。

步骤2 单击"铅球成绩（米）"单元格右侧的"筛选"按钮，在打开的下拉列表中单击"数字筛选"，在打开的子列表中选择"大于或等于"选项。

步骤3 打开"自定义自动筛选方式"对话框，在"大于或等于"下拉列表右侧的文本框中输入"8"，单击"确定"按钮，如图6-39所示。此时，即可在工作表中显示出"铅球成绩（米）"大于或等于"8"的数据信息，其他数据将自动隐藏，如图6-40所示。

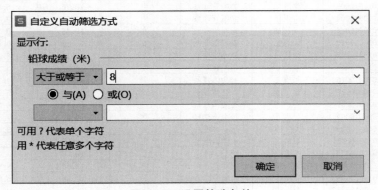

图 6-39　设置筛选条件

学生成绩表.xlsx

▲	A	B	C	D	E	F
1	学号 ▼	姓名 ▼	系别 ▼	性别 ▼	100米成绩（秒）▼	铅球成绩（米）▼
3	2010010002	董志勇	运动训练系	男	13.52	8.35
5	2010010004	程煜轩	新闻管理系	男	11.28	9.18
7	2010010006	李军俊	体育教育系	男	11.62	10.12
8	2010010007	齐子涵	社会体育系	女	15.83	8.28
13	2010010012	林海峰	体育教育系	男	14.29	8.25
14	2010010013	陈俊杰	体育教育系	男	12.83	8.64
15	2010010014	杨慧涵	新闻管理系	女	15.48	8.21
17	2010010016	张思文	社会体育系	男	14.18	8.79
20	2010010019	王宇迪	运动训练系	男	10.55	8.35

图6-40　查看自定义筛选结果

6.5.3　分类汇总

分类汇总

分类汇总，顾名思义可分为分类和汇总，是将工作表中的某项数据进行分类并进行统计计算，如求和、求平均值、计数等。对数据进行分类汇总的方法很简单，先排序后汇总，必须先按照分类字段进行排序，再针对排序后的数据记录进行分类汇总。

【例6-5】在"学生成绩表.xlsx"工作簿中按照性别分类汇总出男女生"100米成绩（秒）"和"铅球成绩（米）"的平均值。

步骤1 在WPS表格中，打开"学生成绩表.xlsx"工作簿，选择"性别"列的任意一个单元格，这里选择D2单元格，然后单击"数据"选项卡中的"升序"按钮，即可按照性别升序排列。

步骤2 单击"数据"选项卡中的"分类汇总"按钮，打开"分类汇总"对话框。

步骤3 在"分类汇总"对话框中，"分类字段"选择"性别"，"汇总方式"选择"平均值"，"选定汇总项"选择"100米成绩（秒）"和"铅球成绩（米）"，如图6-41所示。

步骤4 单击"确定"按钮，汇总的结果如图6-42所示。

分类汇总　　　　　　　　　　　　×

分类字段(A):
性别

汇总方式(U):
平均值

选定汇总项(D):
☐ 系别
☐ 性别
☑ 100米成绩（秒）
☑ 铅球成绩（米）

☑ 替换当前分类汇总(C)
☐ 每组数据分页(P)
☑ 汇总结果显示在数据下方(S)

全部删除(R)　　确定　　取消

图6-41　"分类汇总"对话框

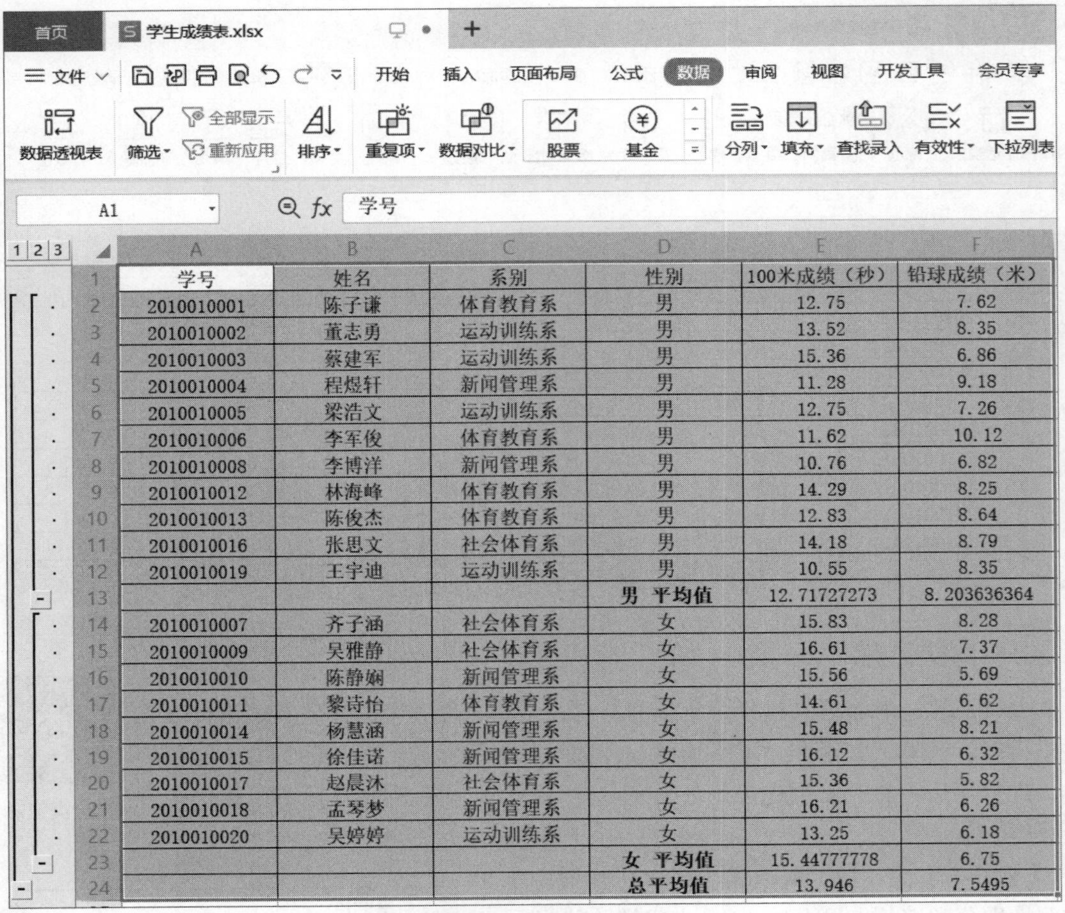

图 6-42　分类汇总结果

6.6　使用图表

WPS表格中提供了柱形图、折线图、饼图、条形图、面积图、XY（散点图）、股价图、雷达图和组合图多种图表类型，每种图表类型下还包括多种子类型。

6.6.1　图表简介

图表就是将数据以图形的形式表现出来，更直观地展现数据的变化趋势。常见的图表有柱形图、条形图、饼图、折线图、面积图等。根据图表存放的位置不同，图表分为：

嵌入式图表：图表和数据在同一工作表中。

图形图表：图表与生成图表的数据分别放在不同的工作表中。

组成图表的主要元素有以下几项：

图表区：整个图表及其包含的元素。

图表标题：如同文章标题，是对图表的说明。

坐标轴：为图表提供计量和比较的参考线，一般包括分类轴X轴（横坐标轴）、数值轴Y

轴（纵坐标轴，又称垂直坐标轴）。

坐标轴标题：对坐标轴数据的说明文字。

网格线：从坐标轴刻度线延伸出的贯穿整个绘图区的可选线条系列。

数据系列：工作表中的一行或一列数值数据。每个数据系列以一种图例表示。

数据标签：可以是数据系列的值、名称、百分比等。

绘图区：坐标轴包围的图形区域。

图例：标示图表中数据系列的色块及其说明。

6.6.2 图表的创建与设置

1. 创建图表

图表是根据 WPS 表格数据生成的。在插入图表前，需要先选择数据区域。在"插入"选项卡中单击"全部图表"按钮，将打开"图表"对话框，在其中可选择所需的图表类型，如图 6-43 所示。

插入图表

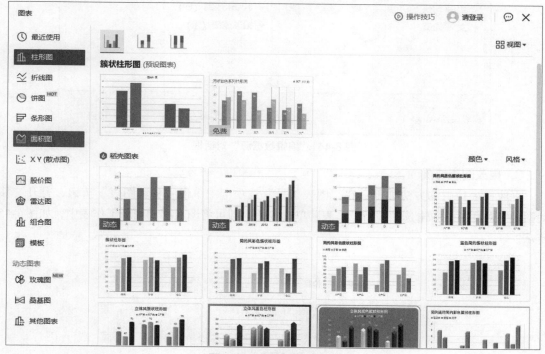

图 6-43 "图表"对话框

2. 设置图表

在默认情况下，图表将被插入编辑区中心位置，此时需对图表位置和大小进行调整。选择图表，将鼠标指针移动到图表中，按住鼠标左键拖动可调整图表的位置；将鼠标指针移动到图表的四个角上，按住鼠标左键拖动可调整图表的大小。

6.6.3 图表的编辑

插入图表后，如果图表不够美观，可以重新编辑，如更改图表类型、编辑图表数据、更改图表位置、设置图表样式、设置图表布局和编辑图表元素等。

1. 更改图表类型

更改图表类型的方法如下：选择图表，然后在"图表工具"选项卡中单击"更改类型"按钮，在打开的"更改图表类型"对话框中重新选择所需图表类型。

2. 编辑图表数据

编辑图表数据的方法如下：选中图表，在"图表工具"选项卡中单击"选择数据"按钮，打开"编辑数据源"对话框，在其中可重新选择和设置数据，如图6-44所示。

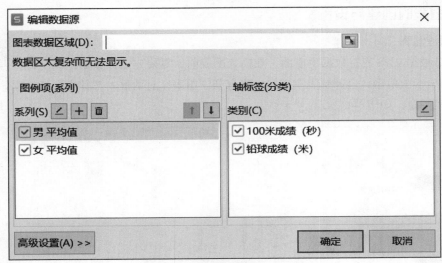

图 6-44 "编辑数据源"对话框

3. 更改图表位置

更改图表位置的方法如下：在"图表工具"选项卡中单击"移动图表"按钮，打开"移动图表"对话框，单击选中"新工作表"单选按钮，即可将图表移动到新工作表中，如图6-45所示。

图 6-45 "移动图表"对话框

4. 设置图表样式

图表创建后，为了使图表效果更美观，可以对其样式进行设置。设置图表样式可分为设置图表区样式、设置绘图区样式和设置数据系列颜色。

（1）设置图表区样式。图表区即整个图表的背景区域，包括所有的数据信息以及图表的辅助说明信息。设置图表区样式的具体方法如下：

在"图表工具"选项卡的"图表元素"下拉列表中选择"图表区"选项，如图 6-46 所示，在"绘图工具"选项卡的"预设样式"下拉列表中选择一种样式选项，如图 6-47 所示。

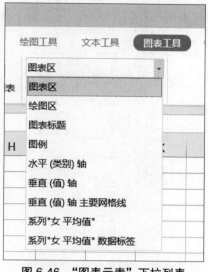

图 6-46 "图表元素"下拉列表

图 6-47 "绘图工具"选项卡

（2）设置绘图区样式。绘图区包括数据系列、坐标轴和网格线，设置绘图区样式的具体方法如下：

在"图表工具"选项卡的"图表元素"下拉列表中选择"绘图区"选项，单击"绘图工具"选项卡中"填充"按钮右侧的下拉按钮，在打开的下拉列表中选择需要的选项即可。

（3）设置数据系列颜色。具体方法如下：

选择图表中需要设置颜色的数据系列，单击"绘图工具"选项卡中"填充"按钮右侧的下拉按钮，在打开的下拉列表中选择需要的选项进行设置即可。

5. 设置图表布局

创建图表时，可以根据需要更改图表的布局。设置图表布局的方法如下：选择要更改布局的图表，在"图表工具"选项卡中单击"快速布局"按钮，在打开的下拉列表中选择需要的选项即可，如图 6-48 所示。

6. 编辑图表元素

编辑图表元素的方法如下：在"图表工具"选项卡中单击"添加元素"按钮，在打开的下拉列表中选择需要调整的图表元素，并在子列表中选择相应的选项即可。

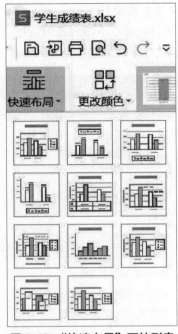

图 6-48 "快速布局"下拉列表

‖ 习题

一、填空题

1. 在WPS表格中，文本型数据在单元格中的默认对齐方式为_____。

2. 在WPS表格中，选取整张工作表的快捷方式是_____。

3. 在WPS表格中，公式被复制后，公式中的参数的地址发生相应的变化，称为_____。

4. 每个单元格都有唯一的地址，由_____和_____组成，如C6表示第_____列第_____行的单元格。

5. 在WPS表格中，最基本的存储单位是_____。

二、选择题

1. 在WPS表格中，输入一个公式之前应该先输入（　　）。

 A. ？   B. =   C. @   D. &

2. 在WPS表格中，单元格中输入数值时，当输入的数值位数超过11位时，系统会自动表示成（　　）。

 A. 四舍五入 B. 科学记数 C. 自动舍去 D. 以上都对

3. 在WPS表格中，表示单元格区域时，范围地址是以（　　）分隔的。

 A. 分号   B. 等号   C. 冒号   D. 逗号

4. 在WPS表格中，区分不同工作表的单元格，要在单元格前面加（　　）。

 A. 工作表名称 B. 工作簿名称 C. 单元格名称 D. Sheet

5. 在WPS表格中，如果单元格A1中为“一月”，那么向右拖动填充句柄到F1，则F1中应为（　　）。

A. 二月　　B. 三月　　C. 四月　　D. 六月

三、操作题

新建如图6-49所示的1001班学生成绩表，按要求完成如下操作：

1. 设置成绩表的字体、行高、对齐方式、边框等（无统一要求，注意美观、简洁即可）。
2. 用公式或者函数计算总分、平均分、名次。
3. 按照性别分类汇总男、女生的平均分的平均值。
4. 利用男、女生的平均分的平均值建立簇形柱状图。
5. 设置图表标题为“男、女生的平均分的平均值”，图例在右侧。

	A	B	C	D	E	F	G	H	I	J
1	1001班学生成绩表									
2	学号	姓名	性别	数学	语文	英语	总分	平均分	名次	
3	1001	张晓军	男	89	92	88				
4	1002	王薇薇	女	96	88	76				
5	1003	张梓涵	女	95	84	89				
6	1004	吴文芳	女	86	91	96				
7	1005	赵新华	男	85	86	88				
8	1006	何莉莉	女	92	89	75				
9	1007	李景玉	女	78	96	83				
10	1008	刘昂宇	男	90	78	92				
11	1009	安思糖	女	89	87	93				
12	1010	李雯霏	女	76	95	90				
13										
14										
15										

图6-49　习题图

第7章

WPS 演示文稿

本章要点：

- 演示文稿的基本操作。
- 演示文稿的设计与美化。
- 演示文稿的动画效果。
- 演示文稿的放映与发布。

WPS演示文稿主要用于制作宣传展示、教学授课等使用的演示文稿，是WPS Office 的核心组件之一。用户可使用该软件制作图文并茂、富有感染力的演示文稿，使得观众更易理解。本章将介绍使用 WPS 演示制作演示文稿的方法。

▌7.1 演示文稿的基本操作

WPS演示为一款制作演示文稿的软件，在日常办公中使用较为广泛。双击计算机中保存的WPS演示文稿（其扩展名为.dps），或在WPS Office中单击左侧的"新建"按钮，然后在打开的页面中选择"演示"→"新建空白文档"命令，即可启动WPS演示，并打开WPS演示的工作界面，如图7-1所示。其中，快速访问工具栏、标题栏、选项卡和功能区等的结构及作用很接近。

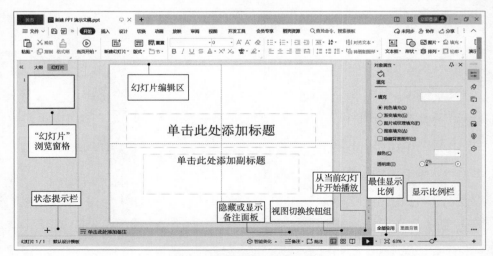

图 7-1　WPS 演示的工作界面

WPS演示为用户提供了普通视图、幻灯片浏览视图、阅读视图和备注页视图四种视图模式，在工作界面下方的状态栏中单击相应的视图切换按钮或在"视图"选项卡中单击相应的视图切换按钮即可进入相应的视图。

7.1.1　WPS演示文稿的基本操作

1. 创建演示文稿

①新建空白演示文稿。启动WPS Office后，在打开的界面中单击"新建"按钮，然后选择"演示"→"新建空白文档"命令，即可创建一个名为"演示文稿1"的空白演示文稿。

②利用模板创建演示文稿。模板是一组预设的背景、字体格式等的组合，在WPS演示的工作界面中选择"文件"→"新建"命令，在打开的下拉列表中选择"本机上的模板"命令，打开"模板"对话框，其中提供了"常规"和"通用"两种类型，如图7-2所示，选择所需模板样式后，单击"确定"按钮，便可创建该模板样式的演示文稿。创建后还可修改搭配好的颜色方案，WPS演示的模板均已对颜色、字体和效果等进行了合理的搭配，用户只需选择一种固定的模板，就可为演示文稿中各幻灯片的内容应用相同的效果，从而达到统一幻灯片风格的目的。在"设计"选项卡的"模板"列表中选择需要的模板即可，或单击"更多设计"按钮，在打开的对话框中进行选择即可。

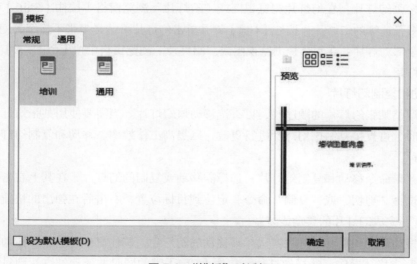

图 7-2　"模板"对话框

2. 打开演示文稿

当需要对演示文稿进操作时，选择"文件"→"打开"命令，打开"打开文件"对话框，在其中选择需要打开的演示文稿后，单击"打开"按钮即可。

3. 保存演示文稿

制作好的演示文稿应及时保存，同时用户可以选择不同的保存方式。保存演示文稿的方法有很多，下面分别进行介绍：

①直接保存演示文稿：选择"文件"→"打开"命令，或者单击快速访问工具栏中的"保存"按钮，打开"另存文件"对话框，在"位置"下拉列表中选择演示文稿的保存路径，在

"文件名"文本框中输入文件名后,单击"保存"按钮即可完成保存。

②另存演示文稿:若不想改变原有演示文稿中的内容,可通过"另存为"命令将演示文稿另存为一个新的文件,并保存在其他路径或更改名称。选择"文件"→"另存为"命令,在打开的"保存文档副本"下拉列表中选择所需保存类型后,在打开的"另存文件"对话框中进行设置即可。

4. 关闭演示文稿

当不需要操作演示文稿时,可将其关闭。单击WPS演示工作界面标题栏中的"关闭"按钮,关闭演示文稿。

7.1.2 WPS幻灯片的基本操作

一个演示文稿一般由多张幻灯片组成,在制作演示文稿的过程中往往需要对多张幻灯片进行操作,如应用幻灯片版式、选择幻灯片、移动和复制幻灯片、删除幻灯片、显示和隐藏幻灯片、播放幻灯片等,下面介绍其中部分操作。

1. 选择幻灯片

编辑幻灯片前先要选择幻灯片,选择幻灯片主要有以下三种方法:

①选择单张幻灯片:在"幻灯片"浏览窗格中单击幻灯片缩略图可选择当前幻灯片。

②选择多张幻灯片:在幻灯片浏览视图或"幻灯片"浏览窗格中按住【Shift】键并单击幻灯片可选择多张连续的幻灯片;按住【Ctrl】键并单击幻灯片可选择多张不连续的幻灯片。

③选择全部幻灯片:在幻灯片浏览视图或"幻灯片"浏览窗格中按【Ctrl + A】组合键,可选择全部幻灯片。

2. 移动和复制幻灯片

当需要调整某张幻灯片的顺序时,可直接移动该幻灯片。当需要使用某张幻灯片中已有的版式或内容时,可直接复制该幻灯片进行更改,以提高工作效率。移动和复制幻灯片的方法主要有以下三种:

①通过菜单命令移动和复制幻灯片:选择需移动或复制的幻灯片,在其上右击,在弹出的快捷菜单中选择"剪切"或"复制"命令,定位到目标位置,右击后在弹出的快捷菜单中选择"粘贴"命令,完成幻灯片的移动或复制。

②通过拖动移动和复制幻灯片:选择需移动的幻灯片,按住鼠标左键不放拖动到目标位置后释放鼠标完成移动操作;选择幻灯片,按住【Ctrl】键的同时并拖动幻灯片到目标位置,即可完成幻灯片的复制操作。

③通过组合键移动和复制幻灯片:选择需移动或复制的幻灯片,按【Ctrl + X】组合键(剪切)或【Ctrl + C】组合键(复制),然后在目标位置按【Ctrl + V】组合键进行粘贴,完成移动或复制操作。

3. 删除幻灯片

在"幻灯片"浏览窗格或者幻灯片浏览视图中均可删除幻灯片,具体方法介绍如下:

①选择要删除的幻灯片,右击,在弹出的快捷菜单中选择"删除幻灯片"命令。

②选择要删除的幻灯片,按【Delete】键。

4．显示和隐藏幻灯片

隐藏幻灯片后，并没有删除幻灯片，只是在播放演示文稿时，不显示隐藏的幻灯片，当需要时可再次将其显示出来。

①隐藏幻灯片：在"幻灯片"浏览窗格中选择需要隐藏的幻灯片，在所选幻灯片上右击，在弹出的快捷菜单中选择"隐藏幻灯片"命令，可以看到所选幻灯片的编号上有一根斜线，表示幻灯片已经被隐藏。

②显示幻灯片：在"幻灯片"浏览窗格中选择需要显示的幻灯片，在所选幻灯片上右击，在弹出的快捷菜单中选择"隐藏幻灯片"命令，即可去除编号上的斜线，在播放时将显示该幻灯片。

7.1.3 在幻灯片中插入各种对象

1．插入文本

文本是幻灯片的基本组成部分，无论是演讲类、报告类还是形象展示类的演示文稿，都离不开文本的输入与编辑。

（1）输入文本

在幻灯片中主要可以通过占位符和文本框两种方法输入文本。

①在占位符中输入文本：新建演示文稿或插入新幻灯片后，幻灯片中通常会包含两个或多个虚线文本框，即占位符。单击占位符，即可输入文本内容。

②通过文本框输入文本：幻灯片中除了可在占位符中输入文本，还可通过在空白位置绘制文本框来添加文本。在"插入"选项卡中单击"文本框"下拉按钮，在打开的下拉列表中选择"横向文本框"选项或者"竖向文本框"选项，当鼠标指针变为"＋"形状时，单击需添加文本的空白位置就会出现一个文本框，在其中输入文本即可。

（2）编辑文本格式

为了使幻灯片的文本效果更加美观，一般需要对其字体、字号、颜色及特殊效果等进行设置。在WPS演示中主要可以通过"文本工具"选项卡和"字体"对话框设置文本格式。

2．插入并编辑艺术字

在编排演示文稿时，为了使幻灯片更加美观和形象，通常需要用到艺术字，以达到美化文档的目的。

①插入艺术字：选择需要插入艺术字的幻灯片，单击"插入"选项卡中的"艺术字"按钮，在打开的下拉列表中选择需要的艺术字样式，然后修改艺术字中的文字即可。

②编辑艺术字：编辑艺术字是指对艺术字的文本填充颜色、文本效果、文本轮廓以及预设样式等进行设置。选择需要编辑的艺术字，在"绘图工具"选项卡和"文本工具"选项卡中进行设置即可，如图7-3所示。

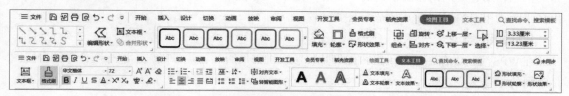

图 7-3 "绘图工具"选项卡和"文本工具"选项卡

3. 插入图片

在"插入"选项卡中单击"图片"按钮下方的下拉按钮，在打开的下拉列表中单击"本地图片"按钮，在打开的"插入图片"对话框中选择需插入的图片，单击"插入"按钮即可在幻灯片中插入计算机中的图片。此外，也可以在打开的列表中单击"分页插图"按钮，在打开的"分页插入图片"对话框中选择多张图片，可依次将图片插入每张幻灯片中；单击"手机传图"按钮，则可将手机中的图片插入幻灯片中。

4. 插入图表

演示文稿作为一种元素多样化的文档，可通过图片、图表等形式来展示内容。图表可以直接将数据直观形象地表现出来，增强说服力。在"插入"功能选项卡中单击"图表"按钮，打开"插入图表"对话框，选择图表选项，单击"确定"按钮即可插入图表。插入图表后，在"图表工具"功能选项卡中单击"编辑数据"按钮，打开"WPS演示中的图表"窗口，在其中可输入图表的数据。

> **小知识：为插图设置透明色**
>
> 一般情况下，WPS演示文稿具有背景色，若插入的图片具有不一样的背景色，整体风格会显得十分不协调。此时需要选中插图，单击"图片工具"中的"设置透明色"按钮，然后将鼠标放到插图背景色上，单击一下，插图的背景色就消失了。
>
>
> 为插图设置
> 透明色

7.2　演示文稿的设计与美化

7.2.1　设置版式

版式是幻灯片中各元素的排列组合方式。WPS演示软件默认提供了11种版式。如果对新建的幻灯片版式不满意，可以进行更改。具体方法：在"开始"选项卡中单击"版式"按钮，在打开的下拉列表中选择一种自己喜欢的幻灯片版式，即可将其应用于当前幻灯片，如图7-4所示。

7.2.2　使用母版

母版是演示文稿中所有幻灯片或页面格式的底板，它包括了所有幻灯片具有的公共属性和布局信息，用它可以制作演示文稿中的统一标志、文本格式、背景等。使用母版可以快速制作出多张版式相同的幻灯片，以提高工作效率。

1. 母版的类型

在WPS演示中存在三种母版：幻灯片母版、讲义母版和备注母版，不同母版的作用和视图是不同的。

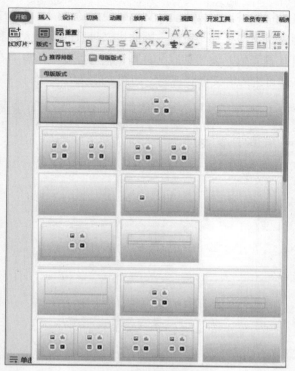

图 7-4　幻灯片版式的设置

①幻灯片母版：幻灯片母版用于存储关于模板信息的设计模板，包括幻灯片的标题字体、字号、位置、主题、背景等。通过更改这些信息，可实现更改整个演示文稿中幻灯片外观的目的。在幻灯片母版视图下，也可设置每张幻灯片都要出现的文字或图案，如公司的名称、徽标等。在"视图"选项卡中单击"幻灯片母版"按钮即可进入幻灯片母版视图，如图7-5所示。

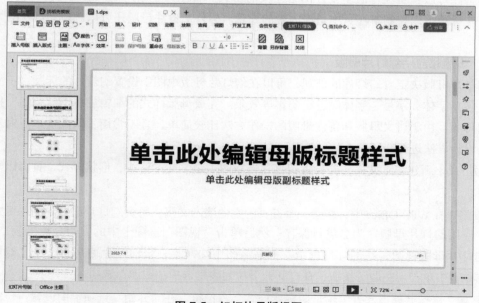

图 7-5　幻灯片母版视图

②讲义母版：讲义是指演讲者在放映演示文稿时使用的纸稿，纸稿中显示了每张幻灯片的大致内容、要点等。通常讲义需要打印输出，因此讲义母版的设置大多和打印页面有关。它允许设置一页讲义中幻灯片的张数，设置页眉、页脚、页码等基本信息。在"视图"选项卡中单击"讲义母版"按钮，即可进入讲义母版视图，如图7-6所示。

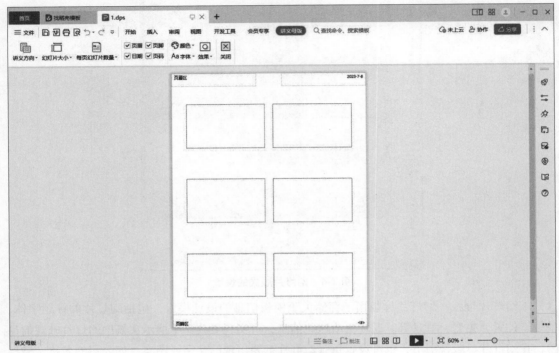

图 7-6　讲义母版视图

③备注母版：备注母版主要控制备注页的格式。备注页是用户输入的幻灯片的注释内容。利用备注母版可以控制备注页中备注内容的外观。另外，备注母版还可以调整幻灯片的大小和位置。

2. 设置和应用幻灯片母版

幻灯片母版决定着幻灯片的外观，可以在幻灯片母版视图中设置幻灯片的标题、正文文字样式，包括字体、字号、字体颜色、阴影等效果。完成母版样式的编辑后单击"关闭"按钮即可退出母版。由于讲义母版和备注母版的操作方法比较简单，且不常用，因此这里只对幻灯片母版的设计方法进行介绍。

【例7-1】新建演示文稿，并设置幻灯片母版的主题、文本格式、形状样式、页脚以及图片等内容。

步骤1 在 WPS Office 中，新建一个五页的空白演示文稿，每页幻灯片设置不同的版式，然后以"应用幻灯片母版"为名进行保存。然后单击"视图"选项卡中的"幻灯片母版"按钮，进入幻灯片母版视图，在幻灯片母版左侧缩略图中选择第一张幻灯片缩略图。在"幻灯片母版"选项卡中单击"主题"按钮，在打开的下拉列表中选择"跋涉"选项。

步骤2 选择"单击此处编辑母版标题样式"占位符，在"开始"选项卡中设置占位符的文本格式为"华文新魏，32"。继续选择正文占位符，并设置占位符的文本格式为"华文行楷"。

步骤3 在"插入"选项卡中单击"页眉页脚"按钮，打开"页眉页脚"对话框，在"幻灯片"选项卡中单击选中"幻灯片编号"及"页脚"复选框，并在文本框中输入"体育学院"文本，然后单击选中"标题幻灯片不显示"复选框，单击"全部应用"按钮，如图7-7所示（注意：此处在第一张幻灯片中调整页眉页脚的样式和位置，即可改变所有幻灯片的页眉页脚的样式和位置）。

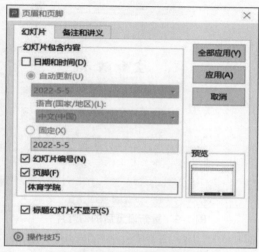

图 7-7　在幻灯片中统一添加页脚

步骤4 单击"插入"选项卡中的"图片"按钮。打开"插入图片"对话框，选择所需图片，此处选择"体育系.jpg"，插入图片。然后利用鼠标拖动图片至幻灯片的标题的上方拉满，如图7-8所示。

图 7-8　插入并编辑图片

步骤 5 在"幻灯片母版"选项卡中单击"关闭"按钮切换至普通视图，标题幻灯片中显示了重新设置后的样式，效果如图7-9所示。母版的设置影响了每一张幻灯片。

图7-9　重新设置后的幻灯片

▍ 7.3　演示文稿的动画效果

动画可以改变幻灯片的放映效果，增加演示文稿的趣味性。在WPS中，幻灯片动画有两种类型，即幻灯片对象动画和幻灯片切换动画。在演示文稿的制作过程中，可以为幻灯片中的文本、图片、图形等对象设置动画效果，还可以为幻灯片之间的切换设置动画效果等，使幻灯片在放映时更加生动。

7.3.1　为幻灯片中对象设置动画效果

在幻灯片制作过程中，可以为幻灯片中的文本、图片、图形等各类对象添加动画效果。对象的动画效果主要有"进入"、"强调"、"退出"和"动作路径"四类。

1. 四类动画方案介绍

进入动画：进入动画指对象从幻灯片显示范围之外进入幻灯片内部的动画效果，是一个从无到有的过程动画。

强调动画：强调动画指对象本身已显示在幻灯片之中，然后以设定的动画效果继续显示在放映页面，从而起到强调作用，如将已存在的图片放大显示或旋转等。

退出动画：退出动画指对象本身已显示在幻灯片之中，然后以设定的动画效果退出放映页面，是一个从有到无的过程。

路径动画：路径动画是指页面上已存在的对象，按用户自己绘制的或系统预设的路径移动的动画效果。动画播放完后显示在路径的终点，仍然存在于放映页面。

2. 动画的添加

选中需要添加动画的对象，通过选择"动画"选项卡下系统内置的动画方案为对象设置动画效果，如图7-10所示。也可以通过"动画窗格"中的"添加效果"按钮为对象添加动画效果。

图 7-10　"动画"选项卡中的动画方案

【例7-2】为演示文稿"模拟投篮.dps"中的篮球对象添加动画效果。

步骤1在WPS中打开"模拟投篮.dps"演示文稿，选中"篮球"对象，在动画选项卡下，选择"绘制自定义路径——自由曲线"，绘制篮球从起点到篮筐落下的曲线。

步骤2打开"动画窗格"，在"开始"下拉列表中选择"在上一动画之后"选项。

步骤3在"速度"下拉列表中选择"快速（1秒）"选项，如图7-11所示。

步骤4单击"动画窗格"中的"播放"按钮，如图7-11所示，查看设置后的动画效果。

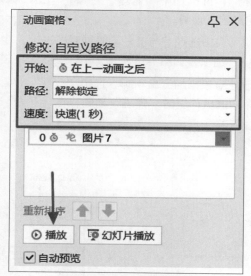

动画设置演示

图 7-11　动画窗格的效果选项

3. 设置动画效果选项

前面为各类对象设置的动画效果为系统默认的动画样式，如果这些效果不能满足需求，还可以对其进行一定的设置，来改变默认的动画效果。可以在工具栏中相应位置设置动画效果，如图7-12所示。

图 7-12　工具栏中设置动画效果

也可以在动画窗格中详细设置，如图7-13所示。

图 7-13 在动画窗格中设置

【例7-3】在例7-2的基础上，为演示文稿"模拟投篮.dps"中的篮球添加叠加动画并设置效果选项。

步骤1选中"篮球"对象，按照例7-2的步骤给篮球添加基础路径动画。

步骤2打开"动画窗格"，再次选中"篮球"对象，单击"添加效果"按钮，选择"强调"组的"陀螺旋"动画。

叠加动画演示

步骤3在"开始"下拉列表中选择"与上一动画同时"选项，在"速度"下拉列表中选择"快速（1秒）"选项，如图7-14所示。

步骤4同样步骤，为篮球对象添加退出动画。选中"篮球"对象，在"动画窗格"中，单击"添加效果"按钮，选择"退出"组的"弹跳"动画，在"开始"下拉列表中选择"在上一动画之后"选项，如图7-15所示。

图 7-14 添加叠加动画

图 7-15 为对象添加动画效果

步骤5单击"动画窗格"中的"播放"按钮，查看设置后的动画效果。

7.3.2 设置幻灯片的切换效果

幻灯片的切换效果是指幻灯片放映过程中从一张幻灯片过渡到下一张幻灯片时的动画效果。默认情况下，幻灯片切换是没有效果的。可以通过设置，为每张幻灯片添加切换动画以丰富其放映过程，还可以控制每张幻灯片切换的速度，添加切换声音、设置换片方式等。

【例7-4】在演示文稿中设置幻灯片切换效果并设置换片方式。

步骤1打开演示文稿，选择一张幻灯片，单击"切换"选项卡，可看到有部分切换效果，还可展开下拉列表查看更多效果，如图7-16所示。

图 7-16 幻灯片"切换"选项卡

步骤2选择其中一个效果，如"擦除"选项，单击"效果选项"按钮，选择"向右"选项。

步骤3设置换片方式。如图7-17所示，可设置速度、声音、换片方式等。

图 7-17 设置换片方式

步骤4重复上述步骤，设置其余幻灯片的切换效果。如果不想逐一设置，可单击"应用到全部"按钮，则所有幻灯片拥有同样的切换效果。

7.3.3 创建交互式演示文稿

在WPS中，可以为文本、图形等各类对象添加超链接或者动作，从而制作交互式演示文稿。单击设置了超链接或动作的对象，可以跳转到该超链接或动作指向的幻灯片、文件或网页。

1. 为对象添加超链接

选中要添加超链接的对象，然后在"插入"选项卡下，单击"超链接"按钮，打开"插入超链接"对话框，如图7-18所示。

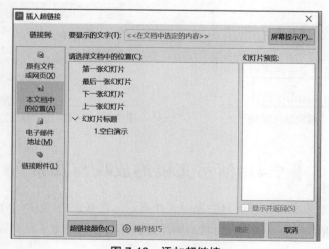

图 7-18 添加超链接

在左侧的"链接到"列表中提供了4种链接方式，可以链接到原有文件或网页，也可以是本文档中的位置，也可以链接到电子邮件地址，还可以链接附件。选择所需链接方式后，在中间列表中按实际链接要求进行设置，完成后单击"确定"按钮，即可为选择的对象添加超链接效果。在放映幻灯片时，单击添加超链接的对象，即可快速跳转至所链接的页面或程序。

2. 添加动作按钮

动作按钮的功能与超链接类似。在幻灯片中创建动作按钮后，可将其设置为单击或经过该动作按钮时快速切换到上一张幻灯片、下一张幻灯片或第一张幻灯片等效果。

添加动作按钮的方法：选择要添加动作按钮的幻灯片，在"插入"选项卡中单击"形状"按钮，在打开的下拉列表中选择"动作按钮"，如图7-19所示。

根据需要选择其中一个按钮，此时鼠标指针将变为"+"形状，在幻灯片空白位置按住鼠标左键不放并拖动鼠标指针，将绘制一个动作按钮；松开鼠标后会自动打开"动作设置"对话框，如图7-20所示，单击选中"超链接到"单选按钮，在下方的下拉列表中选择"幻灯片"选项，打开"超链接到幻灯片"对话框，在其中可以设置单击鼠标时要执行的操作，如链接到其他幻灯片或演示文稿、运行程序等，单击"确定"按钮，即可使超链接生效。

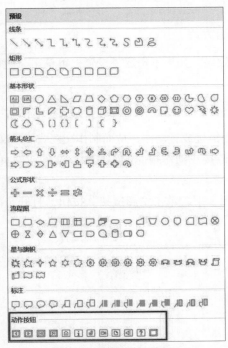

图 7-19 添加动作按钮

图 7-20 自动打开"动作设置"对话框

▌ 7.4 演示文稿的放映与发布

使用WPS制作演示文稿的最终目的是向观众展示。在WPS中放映幻灯片时可以设置不同的放映方式，如演讲者控制放映、展台自动循环放映，还可以隐藏不需要放映的幻灯片和录制旁白等，从而满足不同场合的放映需求。

7.4.1 幻灯片放映类型

WPS演示提供了两种放映类型：

演讲者放映（全屏幕）：演讲者放映（全屏幕）是默认的放映类型，在放映过程中，演讲者具有完全的控制权，可手动切换幻灯片和动画效果，也可以将演示文稿暂停进行讨论，还可以在放映过程中录制旁白。

展台自动循环放映（全屏幕）：幻灯片放映不需要人为控制，系统将自动全屏循环放映演示文稿。适用于展览会的展示台或需要自动演示的场合来播放幻灯片。使用这种方式进行放映时，不能通过单击鼠标切换幻灯片，但可以通过单击幻灯片中的超链接和动作按钮来切换，按【Esc】键可结束放映。

7.4.2 设置排练计时

对于某些需要自动放映的演示文稿，用户在设置动画效果后，可以设置排练计时，在放映时可根据排练的时间和顺序放映。

【例7-5】给需要放映的演示文稿设置排练计时。

步骤1打开需要放映的演示文稿。

步骤2单击"放映"选项卡下"排练计时"按钮，自动切换到放映状态，并在放映页面左上角显示"预演"对话框，如图7-21所示。

图 7-21 排练计时的"录制"对话框

步骤3所有幻灯片放映结束后，将弹出"是否保留新的幻灯片排练时间"对话框，如图7-22所示，单击"是"按钮，保留排练时间。

图 7-22 "是否保留新的幻灯片排练时间"对话框

如果需要使用"排练计时"来自动放映幻灯片，可以在"设置放映方式"对话框的"换片方式"中，选中"如果存在排练计时，则使用它"选项。

7.4.3 放映演示文稿

对演示文稿进行放映设置后，即可开始放映演示文稿。在放映过程中，演讲者可以进行标记和定位等控制操作。

1. 放映幻灯片

（1）开始放映

开始放映演示文稿的方法有以下三种：

①在"放映"选项卡中单击"从头开始"按钮或按【F5】键，将从第一张幻灯片开始放映。

②在"放映"选项卡中单击"当前开始"按钮或按【Shift+F5】组合键，将从当前选择的幻灯片开始放映。

③单击状态栏上的"幻灯片放映"按钮，将从当前幻灯片开始放映。

（2）切换放映

在放映需要讲解和介绍的演示文稿时，如课件类、会议类演示文稿，经常需要切换到上一张或下一张幻灯片，此时就需要使用幻灯片放映的切换功能。

切换到上一张幻灯片：按【Page Up】键、按【←】键或按【Backspace】键。

切换到下一张幻灯片：单击鼠标左键、按空格键、按【Enter】键或按【→】键。

2. 放映过程中的控制

在幻灯片的放映过程中，可以用鼠标在幻灯片上画图或写字，从而对幻灯片中的一些内容进行标注。具体操作方法：在放映状态下右击，将弹出如图7-23所示的快捷菜单。在其中可以选择"墨迹画笔"命令，在其子菜单中选择"圆珠笔"或"荧光笔"命令，对幻灯片中的重要内容做标记。

还可以在右键菜单中选择"演示焦点"命令，在其子菜单中选择激光笔颜色、放大镜、聚光灯等效果，方便演示时突出重点，如图7-24所示。

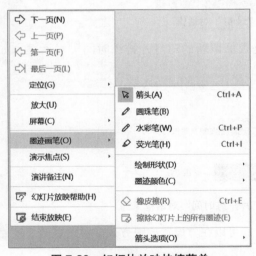

图 7-23　幻灯片放映快捷菜单

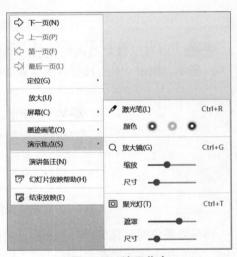

图 7-24　演示焦点

需要注意，在放映演示文稿时，无论当前放映的是哪一张幻灯片，都可以通过幻灯片的快速定位功能快速定位到指定的幻灯片进行放映。具体操作方法：在放映的幻灯片中右击，在弹出的快捷菜单中选择"定位"命令，在弹出的子菜单中选择要切换到的目标幻灯片即可。

7.4.4 输出演示文稿

WPS 演示中输出演示文稿的相关操作主要包括打包、转换和打印。

1. 打包演示文稿

将演示文稿打包后，可以复制到其他计算机中，即使该计算机没有安装 WPS，也可以播放该演示文稿。打包演示文稿的方法：选择"文件"→"文件打包"→"将演示文档打包成文件夹"命令，将打开"演示文件打包"对话框，如图 7-25 所示。输入文件夹名称，选择保存位置后，单击"确定"按钮，将提示文件打包已完成，单击"关闭"按钮，完成打包操作。

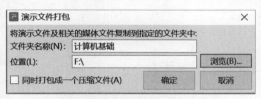

图 7-25 "演示文件打包"对话框

2. 转换

演示文稿还可转换为 PDF 或图片。转换为 PDF 的方法：选择"文件"→"输出为 PDF"命令，即可将幻灯片转换为 PDF，还可以进行输出选项的设置，如图 7-26 所示，选择输出内容。转换为图片的方法：选择"文件"→"输出为图片"命令即可。

图 7-26 演示文稿"转换"对话框

3. 打印演示文稿

演示文稿不仅可以现场演示，还可以将其打印在纸张上，手执演讲或分发给观众作为演讲提示等。打印演示文稿的方法：选择"文件"→"打印"→"打印"命令，打开"打印"对话框，在其中可设置演示文稿的打印内容、打印份数等，如图7-27所示。

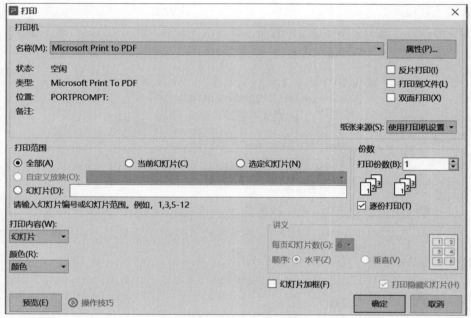

图 7-27 "打印"对话框

▌习题

一、简答题

1. WPS演示有几种视图模式？各种模式分别适用哪种场合？

2. 如何在幻灯片中插入"组织结构图"？如何在组织结构图中添加图形？

3. 如何在幻灯片中插入声音？如何插入视频？

4. WPS演示的动画有哪几种方案？每种方案有什么特点？

二、选择题

1. （　　）下可以使用绘图笔。

　　A. 普通视图　　　　　　　　　　B. 幻灯片浏览视图

　　C. 阅读视图　　　　　　　　　　D. 放映视图

2. 设置页眉和页脚时，打开"页眉和页脚"对话框，若要添加幻灯片编号，应选中（　　）。

　　A. "日期和时间"复选框　　　　　B. "幻灯片编号"复选框

　　C. "页脚"复选框　　　　　　　　D. "标题幻灯片中不显示"复选框

3. 演示文稿的每一张幻灯片都是基于（　　　）创建的，它规定了新建幻灯片的各种占位符的布局情况。

    A. 母版　　　　　　B. 模板　　　　　　C. 版式　　　　　　D. 视图

4. 若要给幻灯片添加纹理，应单击"设计"选项卡下功能区的（　　　）按钮。

    A. 颜色　　　　　　B. 字体　　　　　　C. 背景样式　　　　D. 效果

三、操作题

建立不少于四张幻灯片的演示文稿，用来介绍自己熟悉的一项体育运动，输入相应文字，应用幻灯片主题，插入声音、图片，设置动画、切换方式，建立超链接等。基本要求如下：

1. 第一张幻灯片为标题幻灯片，输入个人信息（学号、姓名、邮箱）；

2. 其他幻灯片的内容主要包括运动规则、场地要求、相关比赛、体育明星等。要求内容简明扼要、层次清晰，每一项内容至少要有一张幻灯片。

3. 幻灯片采用一个主题，每张幻灯片有不同的切换方式，幻灯片内的文字对象和图片对象应有自定义动画。

4. 通过母版，在每张幻灯片的右上角加上自己的照片。

5. 在第一张幻灯片插入一个声音文件，从第一张播放到最后一张。

6. 设置幻灯片的放映方式为"演讲者放映"，并循环播放。

第8章

程序设计

本章要点:

- 程序设计基础。
- Python 语言基础。
- Python 基本元素。
- 程序控制结构。
- 内置数据类型。
- 函数、库。

Python 是目前流行的一种高级程序设计语言,具有高扩展性,有丰富的标准库,应用领域十分广泛,尤其在人工智能和大数据方面的应用,优于其他程序设计语言。本章主要介绍 Python 的基本语法和常用标准库,帮助初学者熟悉程序设计的一般流程,逐渐掌握 Python 的语法基础。

8.1　程序设计基础

程序设计(programming)是使用某一种编程语言作为工具,通过编写指令集合来解决特定问题的过程。程序设计过程一般包括分析问题、算法设计、程序编码、测试排错和编写文档等不同阶段。

程序设计的基本概念有程序、数据、子程序、模块,以及顺序性、并发性、并行性、分布性等。程序是程序设计中最为基本的概念,子程序是为了便于进行程序设计而建立的程序设计基本单位,顺序性、并发性、并行性和分布性反映程序的内在特性。

程序设计规范是进行程序设计的具体规定。程序设计是软件开发工作的重要部分,而软件开发是工程性的工作,因此需要遵循一定的规范。程序设计规范在一定程度上提升了程序的可靠性、易读性和易维护性。

程序设计通常被认为是:程序设计=数据结构+算法。数据结构可以将松散的、无组织的数据按照需求组织为有结构的数据,算法是指程序解决问题的方法。

程序设计语言经历了机器语言、汇编语言、高级语言几个阶段的发展。高级语言是一种更接近自然语言的计算机程序设计语言,目前程序员使用的大多数编程语言都属于高级语言。

8.1.1　程序设计的一般过程

程序设计一般都会遵循IPO模式，即输入数据、处理数据和输出数据这一过程。

①输入（Input）：程序获取要处理的数据，是程序设计的开始。输入方式可以是文件输入、交互式输入、网络输入等。

②处理（Process）：程序的核心，是程序对输入的数据进行计算产生输出结果的过程。在处理中，算法是程序的灵魂，是程序的重要组成部分。

③输出（Output）：将处理结果展示出来。输出方式包括控制台输出、文件输出、网络输出等。

程序设计首先要分析问题，对接受的任务进行需求分析，研究基于已经给定的条件，分析最终应达到的目标，找出解决问题的规律，选择解决问题的方法，从而完成实际问题。在进行分析后，开始设计算法，编写程序，运行可执行程序，得到运行结果。

8.1.2　程序设计的方法

目前主流编程方式分为面向过程编程和面向对象编程。

面向过程编程（procedure-oriented programming，POP），以过程（方法）作为代码的基本单元，以数据与方法相分离为最主要的特点，通过分析得出解决问题的步骤，拼接一组顺序执行的方法来操作数据，依次调用函数（方法），完成一项功能。

面向对象编程（object-oriented programming，OOP），有两个重要和基础的概念：类（class）和对象（object），它把构成问题的事情拆解成各个对象，拆解对象的目的不是为了实现某个步骤，而是为了描述这个事物在当前问题中的各种行为。

常见的程序设计语言中，C语言是比较典型的面向过程编程语言，目前面向对象编程语言较多，比如 Java、C++、Python、C#等。

1. 面向过程编程

面向过程编程一般也称为结构化程序设计，一般分三种基本结构：顺序结构、选择结构、循环结构。其编写原则包括：

①自顶向下，指从问题的全局下手，把一个复杂的任务分解成许多易于控制和处理的子任务，子任务还可能做进一步分解，如此重复，直到每个子任务都容易解决为止。

②逐步求精。

③模块化，将复杂问题自顶向下，逐层把软件系统划分成一个个较小的、相对独立但又相互关联的模块的过程。

2. 面向对象编程

面向对象编程的理念主要有抽象、封装、继承、多态四个特性。其主要目的是提高代码的可扩展性、维护性，修改实现时不需要改变定义。

（1）抽象

抽象是处理复杂问题的一种方法，主要研究隐藏信息和方法的具体实现。人们管理抽象的一个有效方法是用层次分类，允许根据物理意义将复杂的系统分解为更多更易处理的部件，这种分层抽象方法也经常被用于程序设计。例如，人们对日常生活中的手机、汽车、电视机等许多设备的使用，都忽略了其具体的工作细节，而将它们作为由许多部件组成的一个整体加以利用。而面向对象编程也利用这种思路将现实世界的问题抽象成许多对象的类来表示。通过对问题的抽象、分类、封装和组合来更有效地处理问题，也更能清晰地描述客观事物。

（2）封装

封装是面向对象编程中隐蔽信息的一种机制。它在程序中将对象的状态和行为封装成为一个完整的、结构高度集中的整体；对外是有明确的功能、接口通用、可在各种环境下独立运行的单元。封装使对象的使用者和设计者分开，源代码可独立编写和维护，既保证不受外界干扰，也有利于代码重用。

（3）继承

继承是描述两个类之间的关系。继承允许一个新类（称为子类）包含另一个已有类（称为父类）的状态和行为。这样，从最一般的类开始，用子类去逐步特殊化，可派生出一系列的子类，使父类和子类的关系层次化，可降低程序的复杂度，并提供了类之间描述共性的方法，减少了类的重复说明。子类的派生过程称为类的继承。继承是抽象分层管理的实现机制。

（4）多态

多态是允许一个类中有多个同名方法，但方法的具体实现却有不同的机制。为提高程序的抽象性和简洁性，许多对象的操作方法名相同，但方法的具体实现细节却不同。如一种排序方法，可以用在不同的数据类型上，对数值类型和字符类型，它们的排序程序就不相同。

面向对象编程重要的是要理解现实系统怎么去抽象转化为软件系统。面向对象编程的设计方法，以类为基本单元、封装成包，使软件在生命周期的每一个阶段都有足够的应变能力，去适应千变万化的大千世界。在编程阶段通过抽象找出各种类，再对各种类之间的消息进行收集和处理，把问题分解成许多标准接口的构件。当问题有变化时，就能很从容地解除或更换现实软件的某些构件代码来适应变化。

小知识：开源软件

具有专利的应用软件是不可以随意修改源代码的，而开源软件则允许用户以自己喜欢的方式修改源代码。用户可以增加、修改、复制源代码，甚至能够将修改过的代码销售。

最著名的开源软件是 Linux 操作系统，许多公司销售各种版本的 Linux，如 Red Hat。

但是，开源软件始终伴随着争议。一些具有软件专利权的公司，如微软认为开源软件是对其商业的威胁，并可能破坏知识产权，而支持者认为软件应当作为一种思想看待，要保持其自由度。

开源软件

8.2 Python 语言基础

Python是一种跨平台的、开源的解释型高级语言，具有很好的扩展性和开放性；适合初学者，通过引用外部库可快速、准确地实现多种功能，可以在短期内开发出具有使用功能的应用程序。

8.2.1 Python语言简介

Python由Guido van Rossum在20世纪90年代初期开发的一门程序设计语言，Python语言解释器的代码全部开源，通过Python语言官网可以自由下载。

Python简单易学，并且功能强大，是目前应用广泛的程序设计语言，非常适合初学者掌握程序设计方法。

1. 版本

Python语言的发展经历了版本更新的过程。2000年，Python语言进入了2.0时代，也开启了Python语言的广泛应用；2008年，Python发布了3.0版本，3.0版本做了大量改进，而且3.x系列版本不能向下兼容2.x系列。因此，2010年，Python 2.x系列不再推出新的版本。本章对Python的介绍，使用Python 3.10.4版本。

2. 特点

Python作为目前广受好评的程序设计语言，具有如下特点：

①易阅读、易维护：作为一门非常通用的高级语言，Python具有清晰、简洁的语法特点，且具有跨平台性，适用于多种操作系统。

②丰富的标准库和第三方库：这是Python最大的优势之一。Python提供丰富、功能强大的库，具有优秀的扩展性，可广泛应用于人工智能、网络爬虫、大数据、金融、科学计算与分析等领域。

③Python是一种解释型语言，程序运行时由解释器将源代码逐条转换为目标代码并执行。

④支持面向过程和面向对象两种编程方式。

⑤Python 2.x系列版本不直接支持中文字符，Python 3.x系列版本可以直接支持中文字符。

8.2.2 Python的安装开发环境简介

Python适用于多种操作系统。本节以Windows操作系统为例，介绍Python的安装及开发环境。

Python的安装
过程

1. Python的安装

打开Python官网，进入下载页面，如图8-1所示。

根据操作系统环境，选择合适的版本，下载并安装。在安装界面，选中Add Python 3.10 to PATH复选框，将Python添加到环境变量，如图8-2所示。

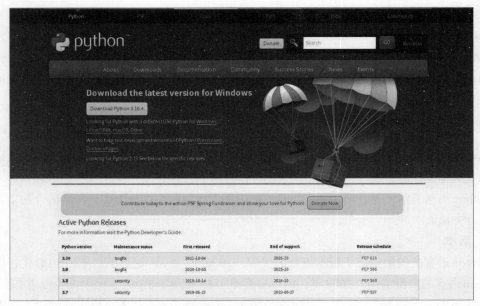

图 8-1　Python 下载界面

图 8-2　Python 安装界面

安装完成后，可以测试 Python 是否安装成功，方法为：在命令行提示窗口中输入 Python 命令，安装成功则显示 Python 版本等信息，如图 8-3 所示。

```
C:\Users>python
Python 3.10.4 (tags/v3.10.4:9d38120, Mar 23 2022, 23:13:41) [MSC v.1929 64 bit (AMD64)] on win32
Type "help", "copyright", "credits" or "license" for more information.
>>>
```

图 8-3　在 cmd 窗口中测试 Python 是否安装成功

2. Python开发环境

安装成功后，就可以在Windows的"开始"菜单中找到Python程序。在Python的集成开发环境IDLE中提供了两种不同的程序运行方式，分别是交互式环境和文件式环境。

（1）交互式环境

打开Python IDLE后，显示的Python Shell窗口提供了交互式环境，用户输入代码后可以即时得到输出结果，一般用于调试少量代码，如图8-4所示。

```
IDLE Shell 3.10.4                                          —    □    ×
File  Edit  Shell  Debug  Options  Window  Help
    Python 3.10.4 (tags/v3.10.4:9d38120, Mar 23 2022, 23:13:41) [MSC v.1929 64 bit (
    AMD64)] on win32
    Type "help", "copyright", "credits" or "license()" for more information.
>>>
>>> print("Hi,Python!")
    Hi,Python!
>>>
```

图 8-4　Python Shell 窗口

（2）文件式环境

在Python Shell中，通过选择File→New File命令，可以启动一个文件窗口，在这个窗口中，用户可以将代码保存在文件中，运行时通过Python解释器批量执行文件中的代码，是常用的编程方式。

创建一个Python文件，如图8-5所示。

```
*HiPython.py - C:/mypython/HiPython.py (3.10.4)*              —    □    ×
File  Edit  Format  Run  Options  Window  Help
#创建一个Pyhon文件

print("Hi,Python")
print("Python的世界奇妙无穷！")
```

图 8-5　Python 的 File 窗口

在这个窗口下，用户编写代码结束后，可以选择Run→Run Module命令运行Python代码，查看结果。结果显示在Shell窗口中，如图8-6所示。

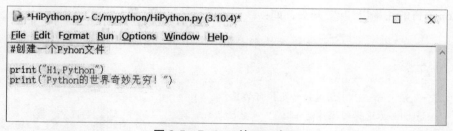

```
IDLE Shell 3.10.4                                          —    □    ×
File  Edit  Shell  Debug  Options  Window  Help
    Python 3.10.4 (tags/v3.10.4:9d38120, Mar 23 2022, 23:13:41) [MSC v.1929 64 bit (
    AMD64)] on win32
    Type "help", "copyright", "credits" or "license()" for more information.
>>>
    ======================= RESTART: C:/mypython/HiPython.py =======================
    Hi,Python
    Python的世界奇妙无穷！
>>>
```

图 8-6　在 Shell 窗口中显示 Python 文件的运行结果

8.3 Python 基本元素

Python语言和其他程序设计语言有很多不同之处。本节主要介绍Python语言的基本元素，包括语法特点、输入与输出语句、数据类型及每种类型常用的运算符和内置函数等。

8.3.1 Python语法特点

1. 缩进

Python语言采用严格的缩进格式来显示语句结构。当表示分支结构（if语句）、循环结构（while语句、for语句）、函数（def）等时，需要在特定关键字所在语句后面通过英文冒号结尾，并在后续行开始时进行缩进，表示后续代码的从属关系。其中，一级缩进为一个【Tab】键或四个空格键。如：

```
if x%2= =0:
    print("输入的数是：%d ，该数是一个偶数。" % x)
else:
    print("输入的数是：%d ，该数是一个奇数。" % x)
```

Python语言允许语句之间多层嵌套使用，但一定要注意每一层语句序列的缩进。

2. 注释

注释是程序指令中的说明辅助性文本，在程序运行时，注释不会被执行。注释可以是对代码用途的解释或者对程序指令的其他说明等，可以帮助程序员更好地阅读程序。在程序设计时要养成习惯，在必要的位置添加注释。

Python语言的注释以"#"开头，如：

```
import tools              # 导入tools模块
while True:
    tools.show_menu()
    action=input("请选择希望执行的操作：")
    print("你选择的操作是 [%s]" % action)

    #根据用户输入决定后续的操作
    #选1表示增加运动员信息，选2表示显示所有运动员信息，选3表示检索运动员信息
```

8.3.2 Python的输入与输出语句

1. input()函数

Input()函数可以获得用户的输入。为了后续能够处理用户输入的数据，一般将函数返回结果赋值给一个变量。格式如下：

```
变量名 =input(提示信息)
```

说明：input()函数中可以包含一些提示性文本，用来提示用户，无论用户输入的数据是字符还是数字，该函数都会以字符串类型返回结果。如果需要将读入的数据当作数值类型处理，

可以使用int()、float()函数将字符类型转换为数值类型。如：

```
guestInput=int(input("请输入购买的数量:"))    # 将结果转换为整型
score=float(input("请输入分值:"))              # 将结果转换为浮点型
```

2. print()函数

print()函数用于输出结果。格式如下：

```
print(表达式)
```

说明：print()函数可以输出单个变量或表达式结果，也可以输出多个变量或表达式结果，还可以进行格式化输出。

print()函数中单词字母均为小写字母。如：

```
print(score)                      # 输出一个变量的值
print("Hi","Python")              # 输出多个表达式的值，结果为 Hi  Python
```

需要注意，print()函数在输出文本时默认会在文本输出后增加一个换行符。

当输出结果时，需要控制输出的显示形式。print()函数也可用于格式化输出，使用方法如下：

```
print(格式化字符串 %  (值1,值2……))
```

如：

```
name="张婷"
age=18
score=80.2
print("姓名%s，年龄%d，该生的计算机成绩为%5.2f" %  (name,age,score))
```

显示结果为

```
姓名张婷，年龄18，该生的计算机基础成绩为80.20
```

说明：%在这里用作格式化运算符，%s表示格式化一个字符串，%d表示格式化一个整数，%5.2f表示格式化一个浮点数，且该浮点数小数位数为2，总位数为5位。

使用print()函数的格式化输出还可以用来控制显示时输出内容的对齐。

8.3.3 变量和数据类型

1. 变量

变量是用来保存数据值，且值可以改变的量，对应着内存中的存储空间。

Python中的变量不需要单独声明，只需要在使用前赋值即可，变量的赋值格式如下：

```
变量名称 = 变量值
```

说明：使用变量时不必指定数据类型。Python根据变量值设定数据类型。

变量名的命名规则：

①变量名可以使用大小写字母、数字、下画线、中文字符，但不能包含空格。

②变量名不可以使用数字作为开头。

③变量名及 Python 中的其他标识符对大小写敏感，如 stuname 与 StuName 是不同的名字。

④选择带有一定含义的变量名能够增加程序的可读性。

⑤不能使用 Python 中的保留字作为变量名。

2. 数据类型

和现实世界中一样，程序中的数据也有不同的类型和含义。数据类型决定了数据在计算机中如何表示以及能够对该数据做什么样的操作。

以 Python 3 为例，提供六种标准的数据类型，分别为基本数据类型：数字（Number）、字符串（String）；组合数据类型：列表（List）、元组（Tuple）、字典（Dictionary）、集合（Set）。

8.3.4 数字类型

Python 中的数字类型用于存储数值，支持以下三种不同的类型：整型、浮点型和复数。这里着重介绍整型和浮点型。

1. 整型（int）

整型指不带小数部分的数值，可以是正整数、负整数。Python 中的整数类型没有范围限制，可以表示任意大小的整数。如：

```
x=105           # 十进制数 105
y=0b1001        # 二进制数 1001，相当于十进制数 9
z=0o124         # 八进制数 124，相当于十进制数 84
w=0x1f3         # 十六进制数 1f3，相当于十进制数 499
```

2. 浮点型（float）

浮点型表示带有小数点的数，可以用带有小数位的形式表示，也可以用科学计数法表示。如：

```
a=2017.0
b=-1011.23
c=1.023e3       # 相当于 1023.0
d=-1.025E-2     # 相当于 -0.01025
```

浮点数只能使用十进制表示。如果采用科学计数法表示，使用字母 e 或 E 表示以 10 为基数。

8.3.5 字符串类型

字符串（str）类型是 Python 中最常用的数据类型。字符串采用双引号""或者单引号''括起来，是字符的序列。字符串中可以包含字母、数字、标点、空格等。

1. 创建字符串

创建字符串，只需要将字符串的内容包含在单引号或双引号内即可。如：

```
m="Today is nice!"        # 空格也属于字符串中的字符
n=' 她说："你好！"'         # 输出   她说："你好！"
k="2002*3"                # 输出   2002*3
```

2. 访问字符串

Python 中的字符串有两种序号方式：正向序号和反向序号，如图 8-7 所示。

图 8-7 字符串的正向序号与反向序号

Python 中的字符串采用 Unicode 编码，中文、英文都记作 1 个字符。如：

```
name="Harry Potter"       # 定义字符串，总长度为 12，下标从 0 到 11
a=name[0]                 # 结果为 H
b=name[-1]                # 结果为 r，等同于 name[11]
fstName=name[0:5]         # 获取序号从 0 到 5（不包含 5）的子串，结果为 Harry
```

8.3.6 运算符与常用的运算

Python 中常用的运算符包含算术运算符、字符串运算符、比较运算符、赋值运算符、逻辑运算符和成员运算符。

1. 算术运算符与常用函数

（1）算术运算符

Python 中常用的算术运算符见表 8-1。

表 8-1 Python 中常用的算术运算符

运算符	作用	示例	结果
+	x+y，x 与 y 的和	33+5	38
-	x-y，x 与 y 的差	33-5	28
*	x*y，x 与 y 的乘积	33*5	165
/	x/y，x 与 y 的商，结果为浮点数	33/5	6.6
%	x％y，取余，或称取模运算	33%5	3
//	x//y，取商的整数部分	33//5	6
**	x**y，x 的 y 次幂	2**3	8

说明：所有与除法相关的运算符，第二个操作数都不能为零，否则会提示错误。

在程序设计中要灵活运用这些算术运算符，比如一个正整数 n，取它的个位可以用 n % 10，判断奇偶数可以用 n％2 后判断结果为 0 还是 1 等。

（2）算术运算常用函数

Python 提供了一些预定义函数，又称内置函数。Python 中算术运算常用函数见表 8-2。

表 8-2　Python 中算术运算常用函数

函　数	作　用
int()	返回字符串中包含的数字转换为的整数
float()	返回字符串中包含的数字转换为的浮点数
round(x) round(x,n)	返回四舍五入后最接近 x 的整数 返回 x 保留 n 位小数的结果
max($x_1, x_2, \cdots, x_n$)	返回参数中的最大值
min($x_1, x_2, \cdots, x_n$)	返回参数中的最小值

2. 字符串运算符与常用函数

（1）字符串运算符

Python 中常用的字符串运算符见表 8-3。

表 8-3　Python 中常用的字符串运算符

运算符	作　用	示　例	结　果
+	str1+str2，连接符 str1 与 str2	"Harry" + "Potter"	HarryPotter
*	str1 * n，将 str1 重复显示 n 次	"-" * 5	-----

（2）字符串常用函数

Python 中字符串常用函数见表 8-4。

表 8-4　Python 中字符串常用函数

函　数	作　用
len(x)	返回字符串 x 的长度
str(x)	返回其他类型 x 对应的字符串形式

如：

```
print(len("Hi Python"))      #返回结果为 9，空格也是一个字符
print(str(1973))             #返回字符串 "1973"
```

3. 关系运算符

关系运算符连接关系表达式，关系表达式通常返回一个布尔值（逻辑值），布尔类型（bool）只有两个值：True 和 False。关系运算符用于两个表达式的比较运算，关系成立，则返回 True；否则，返回 False。

Python 中常用的关系运算符见表 8-5。

表 8-5 Python 中常用的关系运算符

运 算 符	作 用	示 例	结 果
>	大于	5+8>2+10 "python" > "Python"	True True
>=	大于或等于	3>=5-2	True
<	小于	3<5-4	False
<=	小于或等于	10//3<=2	False
==	等于	3= =6/2 '1234' = =1234	True False
!=	不等于	3!=5-2	False

说明：= 在 Python 中是赋值符号，= = 运算符用来测试两个表达式结果是否相等。

4. 布尔运算符

布尔类型又称逻辑类型，是程序设计中常用的值，常常用来表示条件的判断，在分支结构中也经常使用。

描述复杂条件时会使用布尔运算符来进行判断。Python 中常用的布尔运算符见表 8-6。

表 8-6 Python 中常用的布尔运算符

运 算 符	作 用	示 例	结 果
and	与运算，A and B，只有 A 和 B 都是 True，结果才是 True	(5>3) and (6<5) (5>3) and (6<9)	False True
or	或运算，A or B，只要 A 或 B 有一个是 True，结果就是 True	(5>3) or (6<5) (5<3) or (6>9)	True False
not	非运算，取反	not(3>6)	True

8.4 程序控制结构

程序设计有 3 种基本的控制结构：顺序结构、分支结构和循环结构。顺序结构是指程序代码从上向下依次执行，分支结构是指程序需要根据条件的判断结果执行不同的程序代码，循环结构是指程序中有需要重复执行的指令代码。

8.4.1 顺序结构

顺序结构是程序设计中最基本的结构，按照程序中指令排列的先后顺序，依次执行，且每条语句都被执行一次。

【例 8-1】根据用户输入的商品数量和单价计算总金额。

```
# 根据用户输入的商品数量和单价计算总金额

# 获取商品数量和单价
num=int(input("请输入该商品要购买的数量："))
perPrice=float(input("请输入商品的单价："))
```

```
# 计算总金额
amount=num * perPrice
# 输出结果
print("你购买的商品数量是 %d 总金额为 %8.2f" % (num,amount))
```

程序运行结果：

```
请输入该商品要购买的数量：11
请输入商品的单价：101.6
你购买的商品数量是 11 总金额为 1117.60
```

8.4.2 分支语句

当程序需要判断某些条件，并根据判断结果有选择地执行特定语句时，就需要使用分支结构。

Python中的分支结构包括单分支结构、双分支结构和多分支结构。

1. 单分支结构（if…）

格式：

```
if 条件表达式：
    语句块
```

说明：当条件表达式的结果为True时，会执行语句块，否则，直接跳过语句块，执行if后的语句。条件表示式后面的冒号和语句块前的缩进都是语法的一部分，表示了语句块与if的包含关系，不可缺少。语句块可以是一行或多行代码。

单分支结构的流程图如图8-8所示。

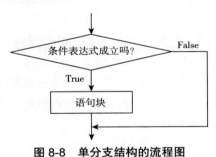

图 8-8　单分支结构的流程图

【例8-2】商场打折促销，购买的商品如果达到或超出500元打95折。

```
# 计算打折后价格，总价格超出 500 元，打 95 折
oriAmount=float(input("请输入商品原始总价："))
disAmount=oriAmount
if oriAmount>=500:
    disAmount=oriAmount * 0.95
print("折后商品总价为：%8.2f" % (disAmount))
```

程序运行结果：

```
请输入商品原始总价：550
折后商品总价为：    522.50
```

2. 双分支结构（if…else）

格式：

```
if 条件表达式：
    语句块 1
else：
    语句块 2
```

说明：当条件表达式的结果为 True，执行语句块 1；否则，条件表达式的结果为 False，执行语句块 2。也就是说，双分支结构根据条件表达式的结果生成两种不同的处理。

双分支结构的流程图如图 8-9 所示。

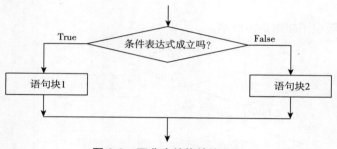

图 8-9　双分支结构的流程图

【例 8-3】判断用户输入的正整数是奇数还是偶数，并显示判断结果。

```
# 判断用户输入的正整数是奇数还是偶数
x=int(input("请输入一个正整数："))
if x%2 = =0:
    print("输入的数是：%d，该数是一个偶数。" % x)
else:
    print("输入的数是：%d，该数是一个奇数。" % x)
```

程序运行结果：

```
请输入一个正整数：19
输入的数是：19，该数是一个奇数。
```

说明：条件表达式可以是一个条件或多个条件的组合，结果为布尔值。如果表达多个条件的组合，往往使用布尔运算符 and、or 进行逻辑关系的判断。

例如：

判断一个数是奇数，且是 3 的倍数：x % 2= =1 and x % 3= =0。

判断城市是北京、上海或广州：city= ="北京" or city= ="上海" or city= ="广州"。

3. 多分支结构（if…elif…else)

格式：

```
if 条件表达式1:
    语句块1
elif 条件表达式2:
    语句块2
...
else:
    语句块n
```

说明：多分支结构可以在多个条件表达式中选择一个条件执行对应的语句。按顺序判断条件表达式1、条件表达式2……哪一个条件表达式最先成立，就执行这个条件表达式对应的语句块。如果所有条件表达式都不成立，则执行else后对应的语句块。else部分是可以省略的，若省略，且前面的所有条件表达式都不成立，则不执行任何操作。

无论执行哪个条件表达式对应的语句块，执行后都不再判断后续的条件，而是直接跳出if多分支语句。

多分支结构的流程图如图8-10所示。

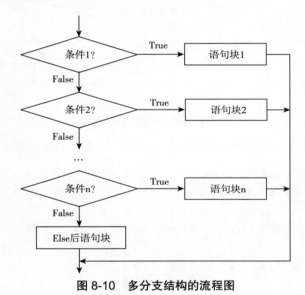

图 8-10　多分支结构的流程图

【例8-4】根据测验分数，显示不同的等级。

分数	等级
>=90	Excellent!
>=80	Great!
>=70	Good!
>=60	Pass!
60分以下	Fail!

```
# 根据测验分数，显示不同的等级
score=float(input("请输入测验分数："))
if score>=90.0:
```

```
        grade="Excellent!"
elif score>=80.0:
        grade="Great!"
elif score>=70.0:
        grade="Good!"
elif score>=60.0:
        grade="Pass!"
else:
        grade="Fail!"
print("您的测验评价为:%s" % grade)
```

程序运行结果:

请输入测验分数:89.5
您的测验评价为:Great!

8.4.3 循环语句

循环结构是指程序中的某些语句序列需要反复执行多次。Python中提供了while语句和for语句两种循环语句。

其中,while语句称为条件型循环;for语句执行指定次数的循环,经常用于各种数据类型的遍历。

1. while语句

格式:

```
while 条件表达式:
    程序块
```

说明:while语句中包含的程序块称为循环体。程序执行到while语句时,判断条件表达式的结果,如果为True,执行循环体,执行过后会再次判断while语句中的条件表达式,条件成立反复执行循环体,直到条件为False,结束循环,退出while语句,执行while语句之后的代码。

如果第一次判断条件表达式,结果就为False,则循环体不被执行。

while语句的流程图如图8-11所示。

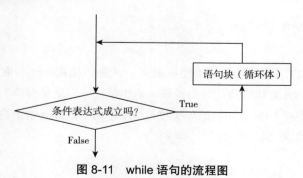

图 8-11　while 语句的流程图

【例8-5】把10 000元存入银行，按照每年3%的利息计算，多少年后金额会翻倍？

```
# 将10000元存入银行，年利息3%，多少年后金额翻倍
amount=10000.00              # 存款初值为10000
year=0                       # 变量year用来对年份计数，初始值为0
while amount<20000.00:
    amount=amount * (1+3/100)
    year+=1                  # 相当于year=year+1
print("存款初值为10000元，经过%d年后，存款翻倍。" % year)
```

程序运行结果：

```
存款初值为10000元，经过24年后，存款翻倍。
```

说明：while语句关注的是循环在什么情况下继续，在这个例子中，只要总金额小于20 000元，循环就会继续。

在使用while语句时一定要注意避免无限循环的发生。无限循环是指while后的条件表达式永远成立，循环体无限地执行，程序没有任何反应，这时必须强制结束程序。

以下两种情况就会发生无限循环：

第一种情况：

```
n=0
while n<=5:
    print("-" * n)
```

第二种情况：

```
amount=10000.00
year=0
while amount<20000.00:
    amount=amount*(3/100)
    year+=1
```

思考：如何修改上述代码，避免发生无限循环？

2. for语句

格式：

```
for 循环变量 in 遍历结构：
    语句块
```

说明：for语句可以实现多种数据类型的遍历，从遍历结构中逐一取出元素，放在循环变量中，对每一次提取的元素执行语句块的操作。遍历结构可以是字符串、range()函数，或是列表、元组等组合数据类型。for语句的循环次数是由要遍历的数据元素个数确定的。

for语句的流程图如图8-12所示：

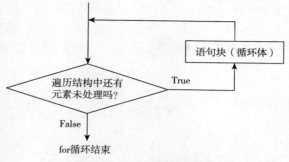

图 8-12　for 语句的流程图

（1）字符串的遍历

```
city=" 北京 "
for letter in city:
    print(letter)
```

显示结果为：

```
北
京
```

（2）数值的遍历

```
for i in range(3):
    print(i)
```

显示结果为：

```
0
1
2
```

（3）列表的遍历

```
cityList=[' 北京 ',' 上海 ',' 广州 ']
for city in cityList:
    print(city)
```

显示结果为：

```
北京
上海
广州
```

【例8-6】把10 000元存入银行5年，按照每年3%的利息，计算每年的存款余额。

```
# 将 10000 元存入银行 5 年，年利息 3%，计算每年余额
amount=10000.00          # 存款初值为 10000
year=5                   # 变量 year 用来对年份计数，初始值为 0
```

```
for i in range(1,year+1):        #序列从1开始，在year+1之前结束
    amount=amount * (1+3/100)
    print("第%d年后余额为%15.2f元。" % (i,amount))
```

程序运行结果：

```
第1年后余额为  10300.00 元。
第2年后余额为  10609.00 元。
第3年后余额为  10927.27 元。
第4年后余额为  11255.09 元。
第5年后余额为  11592.74 元。
```

3. 循环的嵌套

复杂的循环需要使用循环的嵌套。循环的嵌套是指一个循环体中包含另外一个循环语句。

【例8-7】利用循环的嵌套打印九九乘法表。

```
# 利用循环的嵌套打印九九乘法表
print("%40s" % ("九九乘法表"))        # 在指定位置显示标题
for x in range(1,10):                 # 乘数1从1到9
    for y in range(1,x+1):            # 乘数2从1到x
        print("%d * %d = %d" %(x,y,x*y),end="\t")
    print()                           # 每一行结束后要换行
```

程序运行结果：

```
                                    九九乘法表
1 * 1 = 1
2 * 1 = 2   2 * 2 = 4
3 * 1 = 3   3 * 2 = 6   3 * 3 = 9
4 * 1 = 4   4 * 2 = 8   4 * 3 = 12   4 * 4 = 16
5 * 1 = 5   5 * 2 = 10  5 * 3 = 15   5 * 4 = 20   5 * 5 = 25
6 * 1 = 6   6 * 2 = 12  6 * 3 = 18   6 * 4 = 24   6 * 5 = 30   6 * 6 = 36
7 * 1 = 7   7 * 2 = 14  7 * 3 = 21   7 * 4 = 28   7 * 5 = 35   7 * 6 = 42   7 * 7 = 49
8 * 1 = 8   8 * 2 = 16  8 * 3 = 24   8 * 4 = 32   8 * 5 = 40   8 * 6 = 48   8 * 7 = 56   8 * 8 = 64
9 * 1 = 9   9 * 2 = 18  9 * 3 = 27   9 * 4 = 36   9 * 5 = 45   9 * 6 = 54   9 * 7 = 63   9 * 8 = 72   9 * 9 = 81
```

说明：在这个例子中，外层循环处理所有的行，内层循环处理当前行的所有列。循环执行时，每执行一次外层循环，内层循环必须全部执行完毕，且要使用print()换行后，才能进入外层循环的下一次循环。

▍8.5   内置数据类型

除了基本的数值、字符串类型，Python还提供了如列表、元组、字典等内置数据类型。

列表（list）类似于其他编程语言中的数组，元组结构与列表相同，但元组的元素个数和值都不能改变，字典采用"键-值对"的形式存储数据。

8.5.1   列表

列表是一个按照顺序结构存储元素的序列。列表可以增加、删除、修改、查找元素，长度

没有限制，且Python列表中的数据项可以具有不同的数据类型，使用更加灵活。

1. 创建列表

Python中的列表使用方括号[ ]来定义。每一个列表有一个名称，称为列表变量，列表中的每一个数据称为一个列表元素。

格式：

```
列表名 = [元素 1，元素 2，……]
```

列表中的各元素数据类型可以相同，也可以不同，如：

```
cityList=[" 北京 "," 上海 "," 广州 "]
list2=[101,'202',False]
list3=[101,'202',[115,'156']]        # 列表的元素也可以是一个列表
```

2. 访问列表

列表中的元素可以通过列表元素的索引（下标值）来访问，下标值和字符串一样，有正向序号和反向序号两种。正向序号从0开始，反向序号从-1开始。如：

```
print(cityList[0])        # 结果为 ' 北京 '
print(list2[-1])          # 结果为 False
print(list3[0:2])         # 结果为 [101,'202']，取下标从 0 开始到 2 之前的列表元素
```

说明：下标值不能超出列表范围，否则会出现IndexError错误。

列表的遍历使用for…in语句完成，内容详见for语句部分。

3. 修改列表元素

可以直接通过赋值语句修改列表元素，如：

```
cityList[2]=' 天津 '
print(cityList)           # 结果为 [' 北京 ',' 上海 ',' 天津 ']
```

4. 增加列表元素

（1）在列表末尾追加元素

使用append方法可以把一个元素追加到列表的末尾，如：

```
cityList=[' 北京 ',' 上海 ',' 天津 ']
cityList.append(' 重庆 ')
print(cityList)           # 结果为 [' 北京 ',' 上海 ',' 天津 ',' 重庆 ']
```

（2）在指定位置插入元素

使用insert方法可以在列表的指定位置插入元素，如：

```
cityList.insert(2,' 广州 ')  # 在下标为 2 的位置插入 ' 广州 '，后续元素依次后移
print(cityList)           # 结果为 [' 北京 ',' 上海 ',' 广州 ',' 天津 ',' 重庆 ']
```

5. 删除列表元素

可使用del语句删除列表中的元素，如：

```
list3=[101,'202',[115,'156']]
del list3[1]
print(list3)              # 结果为 [101,[115, '156']]
```

另外，使用clear()方法可以清空列表所有元素，使用del语句也可以直接删除列表，如：

```
list3=[101, [115, '156']]
list3.clear()            # 清空后 list3 为空列表 []
del list3                # 直接删除 list3 列表
print(list3)             # 显示错误：NameError: name 'list3' is not defined
```

要注意的是，clear()方法清空后列表依然存在，用del语句删除后该列表不存在。

8.5.2 元组

元组（tuple）也按照顺序结构存储数据，与列表类似。元组使用小括号定义，且元组内的数据项不能修改，又称"不能修改的列表"。一般在编程中，如果确定是不需要修改的数据，可以使用元组类型。

1. 创建元组

元组定义格式：

```
元组名 = ( 元素 1, 元素 2, …)
```

在一些特定环境下，使用元组的优点有：执行速度快，数据安全。如：

```
yearTuple=('1998','1999','2000')
```

2. 对元组的处理

对元组中元素的引用方法与列表元素相同。

元组中的数据项是不允许修改和删除的，但是可以使用del语句删除整个元组。

8.5.3 字典

字典（dictionary）由"键-值对"的数据形式存储。字典中的每个键都有一个关联的值，键是唯一的。字典中的元素并非顺序存储，所以不能使用下标访问，而必须通过键来访问字典元素。

字典元素是可变的，可以修改、增加或删除。

1. 创建字典

字典的创建使用花括号，每个元素是一个键-值对，定义格式：

```
字典名 = { 键 : 值 1, 键 2 : 值 2, …}
```

说明：每个键-值对中的键和值用冒号分隔，各键-值对之间用逗号分隔。键必须是唯一的，但值不需唯一。如：

```
fruitPrice={' 苹果 ':7.5,' 杧果 ':15.8,' 西瓜 ':5.6}   # 含 3 个元素，顺序随机
stu={'name':' 张明 ','age':18,'id':'010056'}
```

2. 访问字典

访问字典中的元素，就把相应的键放在方括号内即可，如：

```
print(fruitPrice['柠果'])        # 结果为 15.8
print(stu['name'])              # 结果为张明
```

3. 修改字典元素

修改字典元素就是对键设定新的值，如：

```
fruitPrice['柠果']=17.8
```

4. 增加字典元素

字典元素是无序的，增加字典元素只需要设定新的键-值对即可，如：

```
fruitPrice={'苹果':7.5,'柠果':17.8,'西瓜':5.6}
fruitPrice['樱桃']=20.0           # 增加樱桃及价格
print(fruitPrice)
# 结果为 {'苹果': 7.5, '柠果': 17.8, '西瓜': 5.6, '樱桃': 20.0}
```

5. 删除字典元素

删除一个字典元素、清空字典以及删除整个字典的操作都和列表一样，不再举例。

▎8.6 函数、库

在 Python 程序设计中，利用函数和库能够减少重复程序段的编码，提高效率。函数可以是系统自带的，也可以是自定义函数。库是 Python 语言的亮点，有标准库和第三方库，涉及的范围十分庞大。本节主要介绍自定义函数的使用以及库的基本使用方法。

8.6.1 函数

函数是指组织好的、可重复利用的、具有一定功能的代码段。使用函数能够提高程序代码的重用性。Python 中的函数分为系统函数和自定义函数。

系统函数又称内置函数，是 Python 已经定义好的函数，以供直接调用。如数学类函数 abs()、round()，字符串处理函数 len()，类型转换函数 int()、float()、str() 等。

除了内置函数，还可以自定义函数，将解决问题的一组代码通过函数封装，后期在使用这组语句的地方，直接通过函数名调用即可。

Python 中的自定义函数需要先定义后调用。

函数定义的格式：

```
def 函数名 (参数列表):
    函数体
    return 返回值
```

说明：函数名要遵循 Python 标识符的命名规则，函数的参数为形式参数，可以省略参数，也可以多个参数，多个参数间用逗号分隔；函数内部使用return语句退出函数并返回结果，也可以没有返回值。

定义后的函数不能直接运行，只有经过调用才能运行函数。

【例8-8】自定义函数，输出"Hi，Python！"。

```
# 自定义函数, 输出 Hi, Python !
def showHi():                      # 该函数不需要参数
    print("Hi,Python!")            # 函数只执行部分代码, 没有返回值

print("-"*10)
showHi()                           # 调用函数
```

程序运行结果：

```
----------
Hi,Python!
```

【例8-9】自定义函数，根据给定半径计算圆的面积。

```
# 自定义函数, 计算给定半径计算圆面积。
import math;                       # 用到圆周率, 需要导入 math 模块

def areaCir(r):                    # 定义函数, 根据半径, 计算圆面积, r 为形参
    s=math.pi*r*r
    return s                       # 返回值为面积

radius=4.0
area=areaCir(radius)               # 调用有返回值的函数, 直接得到结果, radius 为实参
print("圆的半径为 %10.2f厘米, " % radius)
print("圆的面积为 %20.2f 平方厘米。" % area)
```

程序运行结果：

```
圆的半径为        4.00 厘米,
圆的面积为        50.27 平方厘米。
```

说明：有参数的函数，在函数调用时，形式参数r会使用实际参数radius进行参数传递。

8.6.2　库

Python提供了大量第三方程序，有模块（module）、包（package）和库（library），其中，模块是指包含代码，可实现一定功能的Python文件，模块中能定义函数、类等，以py作为文件的扩展名。为了增加代码的重用性，可以将众多功能函数分组，存放在不同的模块文件里，使用时导入即可。

库，是具有相关功能模块的集合。这也是Python的一大特色。Python具有强大的标准库，这些标准库随着Python的安装包一起发布。除此以外，Python还提供了大量的第三方库。在

Python官方网站中，提供了第三方库的检索。

本节中，将模块、包、库统称为"库"。

1. 导入库

在Python中导入库，通常使用以下两种方法：

（1）直接导入库

格式：

```
import 库名
```

如：

```
import math
import turtle as t                    # 导入 turtle 库，并使用 t 的别名
```

说明：Python大小写敏感，import需要小写。

使用这样方式导入库，后期在使用库中函数时需要加上库名，如：turtle.circle(100)，或者t.circle(150)。

（2）导入库中的函数

格式：

```
from 库名 import 函数名
```

如：

```
from random import *          # 导入库中的所有内容
from turtle import circle     # 只导入 turtle 库中的 circle 函数
```

说明：这种方式导入可直接使用circle()，不再加库名。

2. turtle库

turtle（海龟）是一个Python的标准库，用来进行基本的图形绘制。在使用turtle库绘制图形时，可以想象有一个小海龟在画布中爬行，画布就是一个横轴为x，纵轴为y的坐标系，小乌龟从初始位置原点（0,0）开始，根据一组函数指令的控制，在这个画布中移动，从而在它爬行的路径上绘制了图形。

程序中如果需要使用turtle库，需要先导入后使用。

turtle库中的常用函数见表8-7。

表 8-7　turtle 库中的常用函数

函　数	作　用
setup(width, height)	设置画布的宽（像素），高
pendown()	无参，放下画笔，之后移动画笔将绘制图形
penup()	无参，提起画笔，之后移动画笔不绘制图形
pensize(width)	设置画笔线条的粗细
pencolor(color)	设置画笔颜色，参数可以是如 'red' 这样表示颜色的字符串，也可以是（r, g, b）对应的值

续表

函　数	作　用
forward(distance) backward(distance)	沿着当前方向移动指定距离 沿着当前相反的方向移动指定距离
right(angle) left(angle)	向右旋转指定的角度 向左旋转指定的角度
goto(x,y)	移动到（x,y）坐标处
circle(r,extent)	绘制一个半径为 r，角度为 extent 的弧形，省略 extent，绘制一个圆形
dot(size,color)	绘制一个直径为 size，背景颜色为 color 的圆点

【例8-10】使用turtle库，绘制一个五角星。

```
# 使用 turtle 库绘制五角星
from turtle import *          # 用这种方式导入，后续程序中库中函数不需要加库名
setup(400,300)                # 设置画布大小

# 画笔提起，调整初始位置，让五角星能够显示在屏幕中央
# 调整后再放下画笔
penup()
goto(-100,50)
pendown()
# 设置画笔宽度和画笔颜色
pensize(10)
pencolor('red')

# 绘制五角星
for i in range(5):
    forward(200)
    right(144)                # 绘制一条边后向右旋转144°
```

程序运行结果如图8-13所示。

图 8-13　使用 turtle 库绘制五角星

▌习题

一、选择题

1. 关于Python语言的特点，以下选项中描述错误的是（　　　）。
   A. Python语言是非开源语言　　　　　B. Python语言是跨平台语言
   C. Python语言支持面向对象编程　　　D. Python语言是脚本语言

2. 关于Python程序格式的描述，以下选项中错误的是（　　　）。
   A. Python语言的缩进可以采用【Tab】键实现
   B. Python单层缩进代码属于之前最邻近的一行非缩进代码
   C. 判断、循环、函数等都可以通过缩进包含一批Python代码，进而表达对应的语义
   D. Python语言不采用严格的"缩进"来表明程序的格式框架

3. 在Python中，input()函数的返回结果的数据类型为（　　　）。
   A. number类型　　B. string类型　　　C. list类型　　　　D. boolean类型

4. 假设x的值为17，y的值为18，表达式x//100+y%10的结果是（　　　）。
   A. 7　　　　　　B. 8　　　　　　　C. 18　　　　　　D. 1

5. 下面的代码片段输出结果是（　　　）。

```
n=2.0
m=3.0
if abs(n-m)<1:
print(n)
else:
print(m)
```

   A. 2.0　　　　　B. 3.0　　　　　　C. 1.0　　　　　D. −1

6. 假设列表对象vList的值为[15,10,3,8,26,75,3,29]，那么vList[2:4]的结果为（　　　）。
   A. [3,8,26]　　B. [3,8]　　　　　C. [10,3,8]　　　D. [10,3]

7. Python中定义函数的关键字是（　　　）。
   A. def　　　　　B. Def　　　　　　C. function　　　D. Function

8. 关于import引用，以下选项中描述错误的是（　　　）。
   A. 使用import turtle引入turtle库
   B. 可以使用from turtle import setup引入turtle库
   C. 使用import turtle as t引入turtle库，取别名为t
   D. import保留字用于导入模块或者模块中的对象

二、填空题

1. Python使用＿＿＿＿＿＿＿格式划分语句块，Python程序文件的扩展名是＿＿＿＿＿＿＿。

2. 已知x=5，那么执行x+=3后，x的值为＿＿＿＿＿＿＿。

3. Python中，通过＿＿＿＿＿＿＿关键字，可以导入模块。

4. 判断整数 i 能否同时被 5 和 7 整除的 Python 表达式为_____。

5. 用于在列表末尾增加一个元素的方法是_____。

三、编写程序

1. 要求用户输入一个年份，判断该年份是不是闰年。闰年的判断：能被 4 整除的年份是闰年，但其中能被 100 整除的年份不是闰年，能被 400 整除的是闰年。

2. 生成 10 个随机数初始化一个列表，输出每个随机数，并计算输出平均值。

第9章

视频编辑软件 Premiere

本章要点：

- 使用 Premiere Pro 2022 剪辑视频。
- 使用 Premiere 编辑视频。

Premiere 是 Adobe 公司推出的一款专业的非线性视频编辑处理软件，能够进行视频的采集、剪辑、调色、特效添加、音频编辑、字幕添加等工作，在影视后期、广告制作、电视节目制作和网络视频制作等领域有广泛的应用。Premiere 功能强大、操作灵活，能与 Adobe 公司开发的 AE 和 Audition 软件无缝衔接，使得视频效果更加丰富。

在使用 Premiere 制作视频前，要先确定好作品主题，制作文字脚本，并拍摄对应的视频素材，准备好作品所需的图片、音乐、音效等数字材料，就可以使用 Premiere 进行视频制作了。使用 Premiere 制作视频作品，一般按照导入素材，剪辑素材，添加音乐、音效，调色，添加特效，设置过渡效果，添加字幕，输出文件的流程来进行，根据作品的主题设计，对不同的视频素材进行特定的剪辑处理，来形成独有的风格。

9.1 使用 Premiere Pro 2022 剪辑视频

Adobe 公司在2021年发布了 Premiere Pro 2022版本，它是一款行业领先的电影、电视和Web视频编辑软件。该软件易学、高效，能够充分发挥使用者的创作自由度，是视频编辑者的必备软件之一。下面将详细介绍 Premiere Pro 2022剪辑视频的方法。

小知识：短视频是怎么发展起来的？

短视频从 2004 年的萌芽期到 2019 年至今的成熟期，期间各大短视频平台都经历了日新月异的变化。目前，主流短视频平台都有各自的特点和用户画像，制作短视频要先定位发布对象和内容，选择鲜明的主题，做好文案策划，结合娴熟的技术，才能发布优质的视频资源。

短视频的发展

9.1.1 新建视频项目及序列

使用 Premiere 软件，首先需要新建项目，然后才能导入素材，剪辑素材。项目文件可以存放素材，记录各种素材存放的路径，显示素材在时间线上的轨道的位置，素材设置的运动效果添加的特效切换设计等，每个项目文件可以包含多个系列，每个系列都可以有自己独立的参数，还可以显示项目渲染的视频输出的格式、播放速度和画面分辨率等。新建项目文件的具体操作步骤如下：

步骤1 打开 Premiere Pro 2022 软件，在弹出的开始对话框中，单击"新建项目"按钮。

步骤2 设置项目参数。在名称和位置栏中分别输入新建项目的名称和项目存放的地址，"常规"标签中，"视频"栏目"显示格式"设置为"时间码"，"音频"栏目"显示格式"设置为"音频采样"，"捕捉"栏目"捕捉格式"设置为"DV"。在"暂存盘"标签中，保持默认状态，如图 9-1 所示。单击"确定"按钮进入 Premiere 工作界面。

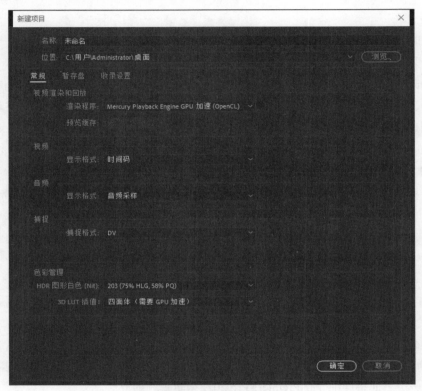

图 9-1　新建项目

步骤3 新建序列。选择"文件"→"新建"→"序列"命令，Premiere 提供了常用摄像机的拍摄的视频参数作为预设参数，如"HDV"参数中的高清参数等，如图 9-2 所示。

下面先就具体参数的概念做简单介绍：

①帧：视频是由多幅静止的图像组成的，每幅静止的图像称为 1 帧，连续多个静帧以一定的速度播放就形成了动态的视频。

②帧大小：每帧的分辨率，即长度像素 × 宽度像素，如 PAL 制 hdv 标准画面分辨率是 1440 像素 × 1080 像素。

③帧速率：单位时间内播放的帧数量，单位是帧每秒（frames per second，fps）。

图 9-2　新建序列

根据人眼视觉暂留原理，每秒连续播放多张静止的画面时，就会感觉是在看连贯的动态画面，当每秒播放大于24帧画面时，就会感觉画面是流畅的动态视频，帧速率越高，画面越连贯和流畅；每秒播放低于24帧时，就会有不流畅的感觉，但每秒播放高于60帧时，人眼就区分不出来和每秒播放60帧的区别。

④视频制式：电视播放采用的播放方式有NTSC、PAL、SECAM共三种，我国采用PAL制式，美国、日本等采用NTSC制式，法国及一些东欧国家使用的是SECAM制式。不同的制式，主要表现在帧速率、帧大小、扫描行等的不同。PAL制式的帧速率是25 fps，NTSC制式的帧速率是30 fps。

新建序列就是根据素材的帧大小、帧速率等参数建立与之对应时间轴，以存放素材和添加特效等。如果在预设参数中没有找到对应参数选项，可以在"新建序列"对话框的"设置"标签中自行设置具体的帧大小、帧速率等参数来建立序列。

9.1.2　导入视频素材

Premiere支持的素材文件有视频、图像、声音等，具体格式有mp4、avi、mov、JPEG、PSD、bmp，GIF、MP3、WMA等。对于Premiere不支持的文件格式，可通过相应的转换工具转换后再进行使用。

建立项目和序列后，就可以导入素材，并把素材放置在序列时间轴上剪辑。具体操作方法如下：

方法1：选择"文件"→"导入"命令，弹出"导入"对话框，选择对应的素材文件，即可把素材导入项目面板中。

方法2：在项目面板空白处，双击鼠标左键，弹出"导入"对话框，以后操作同方法1。

方法3：在项目面板空白处，右击，在弹出的快捷菜单中选择"导入"命令，弹出"导入"对话框，以后操作同方法1。

导入到Premiere的素材，可以在源窗口进行查看。双击项目面板中的素材文件，图片素材就会直接在源窗口中显示出来，视频和音频素材可以单击源窗口的播放按钮，对视频或音频文件进行播放查看。

9.1.3 管理视频素材

在项目窗口中，可以对素材文件进行管理，以便于素材的查看和调用。素材文件有列表视图和图表视图两种显示模式，可以通过搜索栏对素材进行标题的搜索，例如，在搜索栏输入"足球"，包含有"足球"字样的素材文件都可以被搜索出来，如图9-3所示。当素材文件较多时，可以利用素材箱对文件进行分类管理，分类的方式可以根据素材的格式分类或素材的内容等方便使用的形式进行。

图 9-3　搜索素材文件

【例9-1】把素材以格式进行分类。

步骤1单击"新建素材箱"，把素材箱命名为"图片"，把所有图形、图像、符号类文件拖动到该素材箱中。

步骤2单击"图片"素材箱前的小三角，对其进行折叠。

步骤3同步骤2一样，建立"视频"素材箱、"音频"素材箱，把所有视频素材、音频素材拖动到对应的素材箱里，单击进行折叠，这样项目窗口的文件就更加方便查找和使用了，如图9-4所示。

对于不用的素材，可以使用项目窗口的"删除"命令，对选定的素材进行删除操作。

图 9-4　建立素材箱

9.1.4 剪辑视频素材

在项目面板中导入素材后，需将素材添加到时间轴的序列中。可以在节目监视器面板中对素材效果进行播放预览。

1. 时间轴素材的排列及浏览

在时间轴窗口上，有视频轨道和音频轨道，图像和视频素材可以用鼠标直接按顺序依次拖动到同一个视频轨道，音频素材拖动到音频轨道。在节目窗口，单击"播放"键，即可按时间顺序播放序列上排列的音视频素材。如果图像或视频素材，在同一个时间段放置在不同的视频轨道，上层的视频轨道素材会遮盖下层的视频轨道素材画面；如果不同的音频素材，在同一时间段放置在不同的音频轨道，音频素材会呈现混合一起播放的效果。

2. 在时间轴上添加素材

在 Premiere 中创建序列后，可以通过如下几种方法将项目面板中的素材添加到时间轴面板的序列中：

方法1：在项目面板中选择素材，然后将其从项目面板拖到时间轴面板的轨道中。

方法2：选中项目面板中的素材，右击，在弹出的快捷菜单中选择"插入"命令，将素材插入当前时间指示器所在的目标轨道上。插入素材时，该素材被放到序列中，并将插入点所在的影片推向右边。

方法3：选中项目面板中的素材，右击，在弹出的快捷菜单中选择"覆盖"命令，将素材插入当前时间指示器所在的目标轨道上。插入素材时，该素材被放到序列中，插入的素材将替换当前时间指示器后面的素材。

方法4：选择项目面板中的素材，鼠标双击，在源监视器面板中将其打开，设置好素材的入点和出点后，单击源监视器面板中的"插入"或"覆盖"按钮，将素材添加到时间轴面板中。

3. 时间轴的缩放

单击时间轴水平滚动条两边的缩放滑块并拖动使其变短，可以放大时间轴，对素材进行局部精细调整；滚动条变长，可以缩小时间轴，对素材进行整体调控。

4. 裁剪素材

使用"工具面板"中的"剃刀"工具可以将素材切割成两片，从而快速设置素材的入点和出点，并可以将不需要的素材部分删除。

5. 分离素材的视频和音频

当需要对视频文件的画面和音频进行单独处理时，可以在时间轴上选择该素材，右击，在弹出的快捷菜单中选择"取消链接"命令，即可把视频和音频作为单独的素材进行处理，进行部分视频或音频素材的删除、替换等操作。

【例9-2】在序列中添加素材并剪辑。

步骤 1 新建一个项目文件，命名为"青春飞扬 .prproj"，在项目面板中导入两个视频素材（"后青春期的诗 .mp4""50 米跑 .M2T"），一个图像素材"田径场 .jpg"和一个音频素材"少年 .wma"。

步骤2 选择"文件"→"新建"→"序列"命令，新建一个序列。

步骤3 在项目面板中选择并拖动视频素材"后青春期的诗.mp4"到时间轴面板的视频轨道 V1 中，将时间指针移动到视频素材的 2:34:15 位置处。在源窗口播放视频素材"50 米跑.M2T"，在时间 44:15 处设置入点，在 56:17 处设置出点，选择源面板"插入"按钮，把视频素材"50 米跑.M2T"选中的片段（从 44:15 到 56:17 之间）插入视频素材"后青春期的诗.mp4"的 2:34:15 后面，如图 9-5 所示。

图 9-5　添加素材

步骤4 把图像素材"田径场.jpg"拖动到视频素材"后青春期的诗.mp4"的最右端，即出点处。

步骤5 选择时间轴上的视频素材"后青春期的诗.mp4"，右击，在弹出的快捷菜单中选择"取消链接"命令，把视频和音频轨道进行分离，同样方法，将"视频素材 50 米跑.M2T"素材片段的音视频轨道进行分离，选择音视轨道上的音频文件，删除音频轨道上的所有文件。

步骤6 把音频素材"少年.wma"拖动到音频轨道 A1 上，用"剃刀"工具对其进行分割，删除多余素材，使音频素材的入点和出点与视频轨道保持一致。

在节目窗口播放编辑后的短片，观看播放效果。

9.1.5　导出视频素材

在完成 Premiere 项目的视频和音频编辑后，对项目进行导出，将其发布为最终作品，即可对其进行传播和观赏。

在 Premiere 中，可以将项目导出为多种类型，常用的格式有 AVI、mp4、mpeg、gif、mp3、wma 等。选择"文件"→"导出"→"媒体"命令，可以在弹出的子菜单中选择导出文件的类型，如图 9-6 所示。

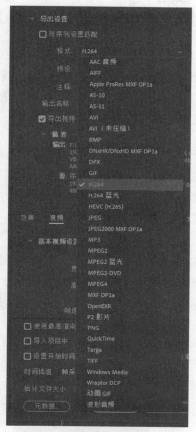

图 9-6 选择导出文件的类型

【例9-3】把视频素材导出为mp4格式文件。

步骤1选择"文件"→"导出"→"媒体"命令，在弹出的子菜单中，选择"导出设置"，格式为"H.264"，"输出名称"选择输出的位置和名称，选中"导出视频"和"导出音频"复选框，以同时导出视音频信息。如果只需要导出音频素材，则不选中"导出视频"复选框，即可生成wma等音频文件。

步骤2在"视频"栏目设置"目标比特率"，以调整输出文件的大小。比特率是视频在单位时间内传送的比特数，比特率越高，传送数据的速度就越快。目标比特率越高，视频越大。网络传输的视频，一般设置数值在3以下即可。同样也可以根据画面尺寸的需求，调整视频输出的长度和宽度数值。

步骤3单击"导出"按钮即可将项目文件输出为mp4格式文件。

💻 小知识：视频素材拍摄技巧

完整的视频作品，一般由多个镜头画面组合而成，为了保持镜头画面的连贯性，并利用镜头画面正确地传递视频的主旨，拍摄人员需要了解景别、拍摄方向、镜头角度、运动镜头等方面的拍摄技巧。

镜头

▌9.2　使用 Premiere Pro 2022 编辑视频

在视频中添加视频效果可以使视频画面更加绚丽多彩，调色、变换、模糊、马赛克、抠像等特殊效果弥补了视频拍摄的不足，使画面更加精彩。同时，场景和场景之间的切换，素材到素材的过渡可以添加过渡效果，使得画面更加协调，满足视频表达的情感需要。使用 Premiere 编辑视频，主要通过设置视频效果和视频过渡来实现。

9.2.1　设置视频过渡效果

根据视频主题、节奏等表达需要，将一个素材逐渐过渡到另一个素材，可以添加过渡效果，使素材的衔接更加自然、变化更加丰富。常用的过渡效果有淡入淡出、划像、叠化、翻页等，在 Premiere 中，可以在效果面板中添加效果。

1. 添加视频过渡效果

选择"窗口"→"效果"命令，打开效果面板，单击效果面板中"视频过渡"文件夹前面的三角形图标，可以查看过渡效果的种类列表，有 3D Motion、内滑、溶解等 10 类过渡效果。单击其中一种过渡效果文件夹前面的三角形图标，可以查看该类效果所包含的所有变换内容，如"3D Motion"下有"Cube Spin"和"Flip Over"两种效果，"溶解"下有"MorphCut""交叉溶解"等四种效果，如图 9-7 所示。

图 9-7　视频过渡效果

对素材添加过渡效果时，将 Premie 的工作区设置为"效果"模式。在"效果"工作区，应用和编辑过渡效果所需的面板都显示在屏幕上，便于对效果进行添加和编辑等操作。

【例 9-4】在素材间添加过渡效果。

步骤 1 选择"窗口"→"工作区"→"效果"命令，将 Premiere 的工作区设置为"效果"模式，在效果面板中，展开"视频过渡"文件夹，然后选择一个过渡效果（如"Zoom"→"Cross Zoom"效果），如图 9-8 所示。

步骤 2 将选择的"Cross Zoom"过渡效果拖动到时间轴面板中前两个素材的交汇处，此时过渡效果将被添加到轨道中的两个素材之间，并会突出显示发生切换的区域，如图9-8所示。

图9-8　添加过渡效果

步骤3在效果面板中选择另一个过渡效果（如"沉浸式视频"→"VR光线"效果），如图9-8所示，将其拖动到时间轴面板的两个素材交汇处。

步骤4在节目监视器面板中单击"播放"按钮，播放影片，即可预览添加的过渡效果的影片效果。

2. 默认视频过渡效果的应用

在视频编辑过程中，如果在整个项目中需要多次应用相同的过渡效果，那么可以将该效果设置为默认过渡效果，便于快速地将其应用到各个素材之间。默认情况下，Premiere Pro CC 2022的默认过渡效果为"交叉溶解"，该效果的图标有一个蓝色的边框，如图9-9所示。

图9-9　添加另一个过渡效果

要设置新的过渡效果作为默认过渡效果，可以先选择一个视频过渡效果，右击，在弹出的快捷菜单中选择"将所选过渡设置为默认过渡"命令，此时，该效果就成为默认过渡效果。

使用默认过渡效果时，选择时间轴上需要使用该效果的素材，选择"序列"→"应用默认过渡效果到选择项"命令，即可把默认过渡效果添加到选定的素材之间。

3. 视频过渡效果的修改

如果在应用过渡效果后，没有达到原本想要的效果，可以对其进行替换或删除。在效果面板中选择需要的过渡效果，然后将其拖动到时间轴面板中需要替换的过渡效果上即可。新的过渡效果将替换原来的过渡效果。在时间轴面板中选择需要删除的过渡效果，然后按【Delete】键即可将其删除。

9.2.2 添加运动效果和视频效果

运动效果和视频效果可以修补原始素材的不足，使画面更加绚丽多彩，生动鲜活。

1. 运动效果

Premiere可以通过对素材的位置移动、缩放、旋转等操作来设置运动效果，生成关键帧动画，达到画面运动的特效。当使用关键帧创建随时间而产生变化的动画时，至少需要两个关键帧，一个处于变化的起始位置的状态，而另一个处于变化的结束位置，这个关键帧运动参数不同，随着时间的变化而产生位置、大小、方向的变化，从而形成运动效果。关键帧动画只用设置两个关键帧的属性，关键帧之间的属性值会被自动计算出来，形成流畅的动画效果。

在"效果控件"面板中，单击"运动"选项组旁边的三角形按钮展开运动控件，其中包含了位置、缩放、旋转、锚点等控件，如图9-10所示。在设置关键帧时，可以分别对这四种视频运动方式进行独立设置。以位置关键帧动画为例，单击"位置"控件前面的"切换动画"开关按钮，在时间轴上选择要添加关键帧的位置，单击"添加"按钮，即可添加关键帧，设置素材位置的坐标数值，再次选择下一个关键帧位置，添加关键帧，改变位置的坐标数值。这样就在两个关键帧之间形成了位置坐标变化的动画效果。同理，缩放、旋转等关键帧动画的设置方法同上述操作。

图 9-10　运动效果控件

【例9-5】制作静态图片"足球"的运动效果。

在项目序列中，视频轨道V1中放置足球场地的图片；视频轨道V2中，放置一张足球的图片，对视频轨道V2中的足球图片素材进行关键帧动画的设置。

步骤1在时间轴序列中，选中"足球"素材，时间指示器移动到入点处。在效果控件面板中单击"位置"选项前面的"切换动画"按钮，Premiere启用动画功能，并自动添加一个关键帧，将位置的坐标设置为（592，216），如图9-11所示。将时间指示器移到1分20秒的位置，单击"位置"选项后面的"添加/移除"关键按钮，添加一个关键帧，设置"位置"的坐标值为（928，413）。在节目窗口播放该素材，可以看到画面中的足球的运动轨迹。

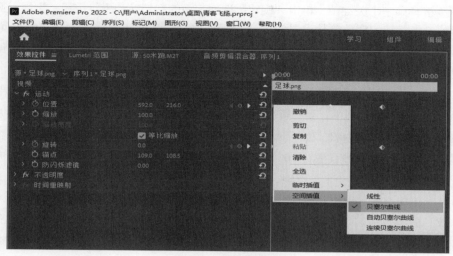

图 9-11　添加关键帧

步骤2将时间指示器移到3分09秒的位置，单击"位置"选项后面的"添加/移除"关键按钮，添加一个关键帧，设置"位置"的坐标值为（1679，709）。在节目窗口播放该素材，查看画面中的足球的运动轨迹。

默认情况下，素材以直线状态进行位置移动，通过"空间差值"命令可以使素材的运动轨迹变成曲线。

步骤3选择第一个关键帧，右击，选择"空间差值"→"贝塞尔曲线"命令，如图9-11所示，单击效果控件面板中的"运动"选项，在节目窗口中可以看到足球运动的路径曲线，选中足球，拖动路径锚点的贝塞尔手柄，调整路径的方向及弧度，这就是足球的运动轨迹，如图9-12所示。同理，在第二个、第三个关键帧处调整贝塞尔曲线路径。在节目窗口播放该素材，查看画面中的足球的运动轨迹。

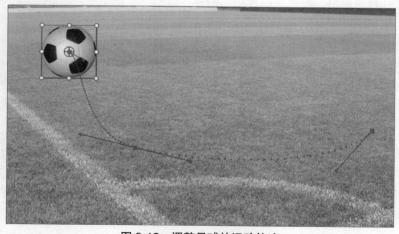

图 9-12　调整足球的运动轨迹

足球在移动过程中会发生旋转，为了使动画更加逼真，可以制作边移动边旋转的动画。需要设置"旋转"控件参数。

步骤4 选择第一个关键帧，单击"旋转"选项前面的"切换动画"按钮，添加了旋转的第一个关键帧，将旋转的度数参数设置为0；选择第三个关键帧，单击"旋转"选项后面的"添加/移除"关键按钮，添加一个关键帧，设置"旋转"的度数为1000，这样就形成了位置和旋转的关键帧对齐效果，在"旋转"控件下，只有两个关键帧，实现了从0°到1000°的顺时针旋转效果。在这个过程中，足球也完成了位移的变化，实现了足球边跑边转的运动效果。

同时，足球在运动过程中，会有近大远小的透视效果，可以通过缩放控件来进行设置。

步骤5 选择第一个关键帧，单击"缩放"选项前面的"切换动画"按钮，添加了缩放的第一个关键帧，将缩放的参数设置为100%；选择第二个关键帧，单击"缩放"选项后面的"添加/移除"关键按钮，添加一个关键帧，设置"缩放"的参数为120%，这样就形成了放大的效果；选择第三个关键帧，单击"缩放"选项后面的"添加/移除"关键按钮，添加一个关键帧，设置"缩放"的参数为110%，这个位置的足球在逐步变小。这三个关键帧与位置的三个关键帧在同样的时间节点上设置，能够表现出同步变化位移和大小的效果。在节目窗口播放该素材，可以看到足球在运动的过程中，位置变化的同时，不但一直在滚动，大小也发生了变化，足球运动的形象更加逼真。

2. 视频效果

除了运动效果，Premiere还提供了其他100多种的视频特效，且操作简单，只要打开效果面板，选择对应的"视频效果"中的任一效果，拖动该效果到时间轴所需添加效果的素材上，就可以把该效果应用到此素材片段上。

【例9-6】投篮的对称画面生成。

步骤1 新建项目，把"投篮.mp4"素材导入，并拖动到时间轴上。

步骤2 选择"序列"→"序列设置"命令，可以看到当前序列帧大小为（544，960）。为了使画面能够呈现双倍大小，修改帧大小为（1088，960）。

步骤3 选择投篮素材，在效果面板中，调整"位置"坐标参数为（272，480），使素材位于画面左侧。

步骤4 选择投篮素材，拖动素材放置在视频轨道2上，和视频轨道1的素材时间上同步。

步骤5 选择"效果"面板→"视频效果"→"变换"→"水平翻转"选项，把"水平翻转"效果拖动到视频轨道2的素材上，可见把视频轨道2上的素材进行了水平翻转的效果处理。在节目窗口播放影片，可以看到生成了投篮的对称画面同步播放的效果，如图9-13所示。

图9-13　生成对称画面同步播放的效果

【例9-7】制作吃惊表情的放大画面。

步骤1 新建项目，把"太极龙拳.mp4"素材导入，并拖动到时间轴上。在节目窗口播放素材，可以看到从1分03秒位置，呈现一个观众吃惊的表情。

步骤2 把时间指示器拖动到2分22秒的位置，用"剃刀工具"分割素材，在4分07秒处用"剃刀工具"分割素材。选择"效果"面板→"视频效果"→"扭曲"→"放大"选项，把"放大"特效拖动到2分22秒至4分07秒处的素材片段上，选择"效果控件"→"放大"选项，设置"中央""放大率""大小"参数，如图9-14所示，使人物面部处在放大区域中，达到放大效果。

步骤3 选择"放大"下的椭圆形图标，创建椭圆形面板，这时会添加一个蒙版选项，画面中会出现一个椭圆路径，调整椭圆大小及位置，使椭圆放置在画面中吃惊人物的面部，在"蒙版路径"选项下，选择"向前跟踪所选蒙版"，这时弹出"正在跟踪"窗口，Premiere会自动跟踪人物面部位移，当吃惊表情消失时，单击"正在跟踪"窗口的"停止"按钮，就形成了一段椭圆自动跟踪面部移动的动画效果。

步骤4 选择蒙版动画的第一关键帧，单击"放大"下面的"大小"选项前的"切换动画"开关，自动添加第一个关键帧，修改"中央"位置参数，使人物面部在放大区域。以此类推，播放蒙版动画，当放大区域跳出面部时，调整"中央"位置参数，使放大效果跟随面部移动。

这样就形成了蒙版动画期间，局部画面放大的效果，如图9-15所示。

图9-14　设置放大效果

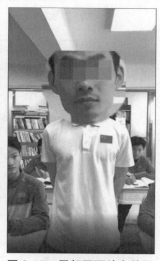

图9-15　局部画面放大效果

【例9-8】太极拳抠像环境效果处理。

太极拳素材录制画面是在绿幕前录制的，这样方便抠除掉背景，对背景进行更换。

步骤1 新建项目，导入素材，并拖动素材到时间轴面板上。

步骤2 选择"效果"面板→"视频效果"→"键控"→"颜色键"选项，把"颜色键"特效拖动到素材上。

步骤3 在"效果控件"→"颜色键"选项下，选择"主要颜色"右面的吸管工具，单击节目窗口的绿色处，调整"颜色键"选项下的"颜色容差""边缘细化""羽化边缘"等参数，使得画面的绿色全部被抠除掉。如果抠除效果达不到要求，人物轮廓或画面其他部位还保留有绿色，再次拖动"效果"面板下的"颜色键"到素材上，"效果控件"下会添加一个新的"颜色键"选项，再次修改其选项下的"颜色容差""边缘细化""羽化边缘"等参数，反复操作直至绿色背景全部抠除，且不影响人物外观轮廓。

步骤 4 拖动修改好的视频素材放置在视频轨道2上，拖动"风景"视频到视频轨道1上，调整两个轨道素材，使其时间同步，画面大小适宜。

这样就制作成了在风景优美的地方打太极拳的画面效果。抠图前（见图9-16）和抠图后（见图9-17）效果对比明显。

图 9-16 抠图前

图 9-17 抠图后

9.2.3 添加视频字幕

字幕是视频文件表达信息的重要元素，它不仅能展示和补充画面的重要信息，而且作为画面的重要组成部分，和声音、图像一起形成视频语言传播的重要手段。

Premiere Pro 2022对字幕做了较大的变动，在工具箱最下面添加了"文字工具"。选择"文字工具"，在节目窗口画面上单击，输入文字内容即可。文字输入完成，在视频轨道上自动建立一个字幕轨道，它实际是个基本图形，可以选择基本图形窗口，对文字进行大小、字体、颜色、对齐等属性的修改。旧版的字幕包括静态字幕、滚动字幕和游动字幕，可以在"文件"→"新建"→"旧版标题"下打开旧版字幕窗口进行文字字幕的建立及修改，可看到"静态字幕"、"滚动字幕"和"游动字幕"选项，根据影片需要，选择合适的字幕形式即可。

【例9-9】创建标题字幕。

步骤1新建项目，导入素材，并创建序列，把素材拖动到时间轴上V1视频轨道上。

步骤2选择"文字工具"，在"节目"窗口中单击，输入文字"校园"。在视频轨道V2上，自动产生一个图形文件素材，可根据文字显示的时长，调整该素材的长度。

步骤3在右侧"基本图形"面板中，选择"编辑"命令，可以对文字进行设计。"对齐并变换"参数可以设置文字的对齐方式、位置坐标、缩放大小、透明度等设置。"文本"参数可以设置文本的字体、字型、字体间距等。"外观"参数可以设置文本的填充颜色、描边、阴影等。

步骤4拖动字幕到V2视频轨道，调整字幕放置的位置，根据需要调整字幕的时长。标题字幕一般根据字数多少，展示时长以5～10 s为宜。

视频中其他静态字幕的制作方法同上一致。

【例9-10】创建演职员表字幕。

步骤1新建项目，导入素材，并创建序列，把素材拖动到时间轴上V1视频轨道上。

步骤2选择"文件"→"新建"→"旧版标题"命令，打开字幕设计器窗口。

步骤3在字幕工具面板中，选择"文字工具"，在绘图区输入文字内容，在字幕属性面板，设置字体、字号、字体填充颜色、字体形状等，对文字进行美化。设置完毕，关闭字幕设计器，字幕将以图片的格式存放在项目面板中。

步骤4在字幕设计器中单击"滚动/游动选项"按钮，选中"开始于屏幕外"和"结束于屏幕外"复选框，这样就能使字幕从屏幕最下面慢慢滚动到屏幕最上面，直至消失。

步骤5关闭"字幕设计器"，创建的滚动字幕以类似于视频的图标形式出现在"项目面板"中，将该字幕文件拖动到视频素材的出点处，在节目窗口播放，可以预览字幕从屏幕最下面一行行滚动到屏幕最上面的效果。

拖动字幕到V2视频轨道，调整字幕放置的位置，根据需要调整字幕的时长。

游动字幕可以制作出字幕从屏幕右侧慢慢向左侧移动，或从屏幕左侧慢慢向右侧移动，直至消失的效果。

滚动字幕和游动字幕虽然都能制作出动态字幕的效果，但使用静态字幕，结合运动效果特效，可以对静态字幕的位置、大小、方向等做出自己想要的动画，使字幕动态效果更加生动灵活。

上述方法，是使用旧版字幕对动态字幕的处理方法。Premiere Pro 2022把文字工具创建的内容作为基本图形，对基本图形的动态处理可参考视频或图片的动态处理，如第9.3.2节添加运动效果所述，给素材添加位置移动、缩放、旋转等操作来设置运动效果。

9.2.4　添加背景音乐

音乐能渲染气氛，补充画面内涵，表现思想境界，推动情节，激发情感，增强艺术效果，在视频中具有很强的感染力，是视频中不可缺少的重要元素。

在Premiere中可以对音频文件进行参数设置，改变音频播放速度、音量大小，进行去噪、混音等操作，使得音频素材更加富有表现力。

在视频素材编辑后，将音频素材直接添加到时间轴面板的音频轨道上，即可将声音添加到影片中。

【例9-11】为素材添加背景音乐，并加快音乐播放速度。

步骤1新建项目，并把素材拖动到时间轴视频轨道上并进行视频编辑。

步骤2选择视频素材，右击，在弹出的快捷菜单中选择"取消链接"命令，解除原有素材的视频和音频链接。选择音频轨道上的音频，按【Delete】键，删除音频素材。

步骤3在"项目面板"中导入"运动员进行曲"音频素材，把它拖动到时间轴音频轨道A1上，并和视频素材的入点对齐。右击，在弹出的快捷菜单中选择"速度/持续时间"命令，速度设置为150%，这样就改变了音频素材的正常播放速度，达到快速播放的效果；反之，如果速度值低于100%，则为慢速播放效果。

【例9-12】编辑音频效果。

对例9-11音频素材进行编辑，降低音量，设置淡入淡出效果，消除噪声等操作。

步骤1选择时间轴面板上的音频素材，右击，在弹出的快捷菜单中选择"音频增益"命令，设置"音频增益"数值，修改音量大小，输入正值增大音量，输入负值降低音量，此处设置值为–5，降低音量，如图9-18所示。

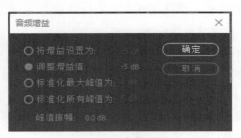

图9-18　音频增益

步骤2将时间指示器移到第0秒的位置，单击音频1轨道上的"添加/移除"关键帧按钮，添加一个关键帧。将时间指示器移到第3秒的位置，为音频素材继续添加一个关键帧。

步骤3将第0秒位置的关键帧向下拖动到最下面，使该帧的音量大小为0，这样在0～3秒之间就形成了声音慢慢由无到有，慢慢提升至正常音量的效果，如图9-19所示。

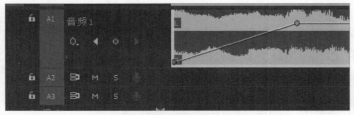

图9-19　设置音频淡入效果

步骤4用同样的方法，在音频的出点和倒数第3秒处，添加关键帧。在音频的出点设置该帧的音量为0，就形成了从最后3秒开始，音量慢慢边弱，直至无声的效果。

步骤5在"效果"面板中选择"音频效果"→"消除嗡嗡声"选项，将其拖动到时间轴面板中的音频素材上，消除音频素材的杂音。

步骤6 在"效果"面板中选择"音频效果"→"滤波器和EQ"→"低音"选项,将其拖动到时间轴面板中的音频素材上,将时间指示器放在15秒处,"效果控件"→"低音"选项前的"切换动画"开关,自动添加一个关键帧,设置"增加"参数为"1.5dB",在节目窗口中,单击"后退一帧",在"低音"动画中,单击"添加/移除"关键帧按钮,增加一个关键帧,该处"增加"参数设置为"0dB"。在20秒处,添加关键帧,选择节目窗口的"前进一帧",此处添加关键帧,并设置"提升"参数为"0dB",这样就提升了15~20秒处的音频的低音,并在其后的音频素材中保持原有音调,如图9-20所示。

步骤7 在"效果"面板中选择"音频效果"→"低音"→"旁路"选项,选中"旁路"复选框,等同于没有设置特殊效果;不选中"旁路"复选框,可以听到特效的效果。"旁路"用于比较特效前后的效果。

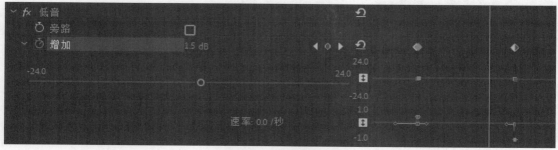

图 9-20　设置低音效果

小知识：民族品牌科大讯飞

在视频中添加声音文件,能使视频文件如虎添翼,增加视频的表现力和感染力,声音文件的处理尤为重要。科大讯飞作为中国最大的智能语音技术提供商,在智能语音技术领域有着长期的研究积累,并在中文语音合成、语音识别、口语评测等多项技术上拥有国际领先的成果。拥有自主知识产权的世界领先智能语音技术,科大讯飞是民族的骄傲。

讯飞语音

习题

一、选择题

1. Premiere 软件的项目文件的扩展名是（　　　）。

　　A. prproj　　　　　　B. premiere　　　　　　C. mp4　　　　　　D. avi

2. 把素材分割成两段,可以使用工具箱中的（　　　）工具。

　　A. 选择　　　　　　B. 剃刀　　　　　　C. 波纹编辑　　　　　　D. 滚动编辑

3. 设置素材整体位置的移动效果的正确操作是（　　　）。

　　A. 在"位置"参数中,设置两个关键帧,使其位置坐标不同

  B. 调整缩放比例，使其大小发生变化

  C. 使用轨道遮罩键

  D. 使用"裁剪"效果

4. 使用烟雾作为视频素材显示的轮廓时，使用的遮罩方式是（ ）。

  A. 白色部分被遮罩   B. 黑色部分被遮罩

  C. 使用亮度遮罩   D. 使用 Alpha 遮罩

二、制作视频

  拍摄或下载几段体育运动素材，剪辑制作成一段 2～3 min 的短视频，要求表现主题突出，画面尺寸一致，色彩合理，添加有视频效果，突出表现力，有片头片尾字幕（字幕不限于此），有适合主题表现的背景音乐。

拓 展 篇

案例 1   智能手环在体育教学中的应用

使用场景

　　智能手环是一种穿戴式智能设备，通过智能手环，用户可以记录日常生活中的锻炼、睡眠、饮食等实时数据，并将这些数据与手机、平板计算机等同步，起到通过数据指导健康生活的作用。随着学校信息化建设的不断拓展，智慧体育的概念应运而生，智能手环在体育教学中得到了广泛的应用。

案例分析

1. 智能监测课堂教学

　　学生通过佩戴智能手环，对体育课堂上的运动情况进行监测，能够呈现运动强度、练习密度、班级平均心率曲线、学生心率曲线、心率预警等各项指标，使数据可视化，从而更好地指导教学，如图1所示。

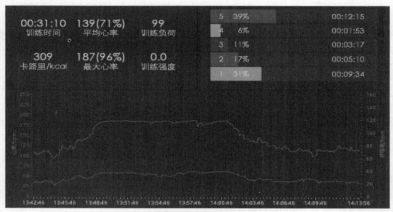

图 1　课堂教学数据监测

2. 运动干预心率预警

　　在体育教学过程中，体育老师可实时获取班级学生运动心率，定向提醒心率预警学生降低运动负荷，预防运动心率异常，保障课堂安全，增强运动安全防范意识，提升运动风险管理能力。

3. 精准数据采集分析

学生智能手环采集的数据会实时反馈到信息化平台，直观显示学生身体素质及运动健康素质，并且可以持续跟踪学生多次体质测试水平，记录展示学生体质变化发展趋势，展示所有课堂数据、运动数据、体质数据等（见图2），为教育管理决策者提供更加科学准确的数据支撑。

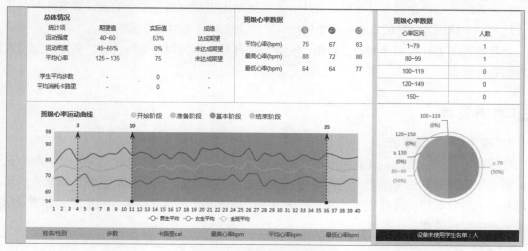

图2 体育课堂数据报告

主要技术

智能手环是基于物联网的应用，物联网即"物物相连的互联网"。1999年，麻省理工学院（MIT）建立了"自动识别"技术，随即"一切都可以通过互联网连接"，也展现了物联网的基本含义。物联网是在计算机互联网的基础上，利用RFID（射频识别）、无线数据通信等技术，构造一个覆盖世界上万事万物的网络。在这个网络中，物品（商品）能够彼此进行"交流"，而无须人的干预。其实质是利用RFID技术，通过计算机互联网实现物品（商品）的自动识别和信息的互联与共享。涉及的关键技术有：

1. 射频识别技术

射频识别技术是一种自动识别技术，通过无线射频方式进行非接触双向数据通信，利用无线射频方式对记录媒体（电子标签或射频卡）进行读写，从而达到识别目标和数据交换的目的。

物联网中的RFID标签上存放着规范而具有互通性的信息，通过无线数据通信网络把它们自动采集到中央信息系统中实现物品的识别。

2. 传感器技术

目前，绝大部分计算机处理的都是数字信号。传感器技术是计算机应用中的关键技术，它把模拟信号转换成数字信号后计算机才能进一步处理。

传感器可以感知周围环境或者特殊物质，比如气体感知、光线感知、温湿度感知、人体感知等。传感器把模拟信号转换成数字信号，给中央处理器处理。最终形成气体浓度参数、光线强度参数、探测范围内是否有人、温度湿度数据等，并显示出来。

3. 无线网络技术

无线网络技术为物联网中物品与人的无障碍交流提供数据传输媒介。无线网络既包括远距离无线连接的全球语音和数据网络，也包括近距离的蓝牙技术和红外技术。

4. 云计算技术

云计算的核心概念就是以互联网为中心，在网站上提供快速且安全的云计算服务与数据存储，让每一个使用互联网的人都可以使用网络上的庞大计算资源与数据中心。

物联网终端的计算和存储能力有限，云计算平台可以作为物联网的大脑，实现对海量数据的存储和计算。

案例实现

1. 建立数据管理系统

在学校的运动场地内，安装路由器或是无线局域网，将网络覆盖整个运动场地。将全班学生的智能手环与教师信息平台通过网络进行连接，如图3所示，教师能够看到全班学生的活动范围和运动量等数据，通过数据了解每位学生的运动情况，实时监控学生的情况，方便对学生的运动情况进行管理。

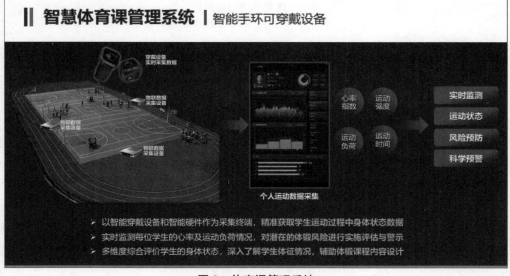

图 3　体育课管理系统

2. 运动数据收集

学生佩戴智能手环，可将学生个人的心率、运动的强度和运动的密度等信息数据传送到教师信息平台。平台能全天候地对学生运动数据进行收集，只要学生佩戴智能手环，无论学生在什么地点、什么时间，都能够收集到学生的运动数据。通过收集课下学生的运动数据，可针对学生的运动强度制定相应的教学方案。

3. 数据分析及运动强度警戒

教师根据智能手环传输的数据，发现每位学生的特征，对每位学生设置运动强度警戒线，帮助学生完成运动任务。教师在手机上下载智能手环APP，可以更加便捷地对学生的运动进行实时监控，并可以随时对学生运动预警值进行调整，当学生在体育运动过程中运动强度过大时，学生的智能手环和教师信息平台会同时报警来提醒教师和学生，有效防止学生在运动过程中受到伤害。

人工智能在校园运动中的应用

使用场景

人工智能（AI）是利用数字计算机或者由数字计算机控制的机器，模拟、延伸和扩展人类的智能，感知环境、获取知识并使用知识获得最佳结果的理论、方法、技术和系统。随着科技发展水平的不断提升，人工智能与体育的深度融合将全力推动智慧体育的大力发展。

这里以足球运动为例。校园足球在足球人才培养、增强学生体质、锤炼意志等方面具有重要作用。人工智能技术作为新兴技术，将为校园足球注入新的活力，提升足球训练水平，助力足球运动发展。

案例分析

1. 智能健康监测

基于人工智能算法的监测系统可以对人体数据进行监测，实时监测每位球员的各项数据及运动负荷情况，便于教练员随时了解球员训练、比赛和赛后恢复阶段的身体状况，合理安排训练计划，避免出现运动安全问题。监测系统还能够为球员提供完备的身体调节方案，保障球员以较佳状态投入到训练、比赛之中。

2. 精准量化体育训练

对运动员训练数据进行精准的量化评估是开展运动训练的基础。人工智能技术的机器学习等算法，能够对运动员训练过程中产生的数据进行收集、清洗、整合和智能计算等处理，推动运动训练从传统的经验驱动方式向数据驱动方式过渡，提升训练方案的针对性和科学性，促进训练智能化。

3. 比赛监控与分析

比赛战术是比赛取得胜利的关键，战术的实现不仅需要球员自身的实力，还需要球员之间密切的配合。运用人工智能技术可以数字化呈现球员比赛的各项数据，帮助教练员直观了解球员的比赛表现，同时可对球员在比赛过程中的运动轨迹进行归类分析，为团队技战术策略的优化提供深度支持。

主要技术

近年来，人工智能与体育的结合日益紧密，在国家大力推动下，人工智能多项关键技术在足球运动项目中发挥着越来越重要的作用，并逐步得到广泛的应用。

1. 智能可穿戴技术

智能可穿戴设备是探索人和科技全新的交互方式，为每个人提供专属的、个性化的服务。人工智能是智能可穿戴设备实现科技体验最大的核心支撑技术。智能可穿戴设备通常拥有一套独立的嵌入式操作系统，有数据处理中心，可以调用处理各类传感器收集到的信息，还有存储器、无线射频系统等。目前应用在校园足球领域的智能可穿戴设备主要有智能背心、智能臂带、智能手环、运动贴片等，此类智能可穿戴设备可直接接触球员身体，通过传感器采集球员的各类生理指标数据和运动能力数据。

2. 计算机视觉技术

计算机视觉技术是用计算机来模拟人类视觉特征，对图像内容进行分析运算，让计算机拥有类似人类提取、处理、理解和分析图像以及图像序列的能力，从而实现对图形数据的有效识别和处理。计算机视觉包括场景重建、事件检测、视频追踪、目标识别、三维姿态估计、运动估计和图像恢复。计算机视觉技术目前应用最广泛的是图像识别与人脸识别。图像识别能进行对象标识，判别出各种模式的目标。计算机视觉技术应用到体育训练和比赛时，可结合运动图像，实现有效追踪和运动轨迹的描绘，为训练和比赛提供量化参考。如美国卡内基梅隆大学推出的 OpenPose 人体姿态识别项目（见图1），可以通过对人体动作关键点的捕捉，来精准识别运动员动作，并且具备多人多场景的抗干扰能力，从而分析动作是否达到训练标准，为教练员制定训练方案提供依据，让训练方法更科学化和智能化。

图 1　OpenPose 人体姿态识别

3. 机器学习

机器学习是一门涉及统计学、神经网络、计算机科学等诸多领域的交叉学科，通过计算机模拟人类的学习行为并进行分析，以获取新的知识和技能，重新组织已有的知识结构，使之不断改善自身的性能。机器学习是人工智能技术的核心，是使计算机具有智能的根本途径。基于数据的机器学习是现代智能技术中的重要方法之一，从已获取的数据样本中寻找规律，并利用这些规律对未来的数据进行预测。在体育训练中对获取的各项运动数据进行机器学习，可以有效地评估运动员状态，从而为比赛战略部署和训练提供科学参考。

案例实现

在校园足球日常训练和比赛中，使用动量科技公司研发的MT-Sports人工智能产品，实现足球数字化训练、比赛和管理。

1. 搭建系统软硬件平台

按照图2所示的MT-Sports系统综合应用方案搭建系统软硬件平台，在校园足球训练、比赛场地安装运动监控设备，并覆盖无线网络，为球员配备智能可穿戴设备，通过网络将采集到的球员运动数据和场地数据实时传输至数据管理平台。

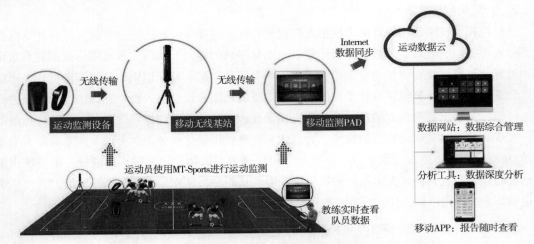

图2　MT-Sports系统综合应用方案

2. 建立运动档案

在系统中录入每位球员的身体数据、体能表现数据、技术数据等各项原始数据，为每位球员建立"运动档案"。运动档案可完整记录球员的运动成长轨迹，根据球员的训练和比赛情况进行实时更新。球员可用手机登录APP软件随时查看，了解个人成长状况。

3. 智能监测

进行日常足球训练时，球员穿戴智能背心，将球员的心率负荷、代谢负荷、跑动距离、冲刺跑次数等各项身体技能数据，通过场边的无线基站传输给教练员，系统将通过人工智能算法实时给出数据的分析结果，将每位球员的表现情况以数字化形式呈现，教练员通过这些数据可以随时了解球员运动状态，实现全程运动监控，及时进行运动的指导与干预。另外，在训练过程中，系统根据采集到的球员心率变化和身体机能状况等相关数据，随时监控球员的身体状态，一旦超过负荷出现运动异常情况，系统将自动报警，及时排除高风险。

4. 智能数据分析

进行足球比赛时，系统将抓取比赛场景数据，捕捉包括对手在内的每位球员的比赛状态和运动轨迹，实现对每位球员的实时追踪，同时系统将收集到的所有数据信息构建成智能数据分析的数据库，对目标进行轨迹分析，教练员可以根据数据及时调整战术策略。赛后，教练员可通过系统访问比赛视频资料，系统还可以辅助教练员完成对比赛的复盘，优化比赛阵容，丰富球队战术策略，为以后开展针对性训练提供数据。

案例 3 — 虚拟仿真技术在雪上技巧运动技术诊断实验教学中的应用

使用场景

运动技术诊断是运动技能学习的综合设计性实验，也是体育教学、训练以及科研所必备的实验技能。实验过程较为复杂，需使用多种仪器设备同步获取运动学、动力学以及肌电图学等综合数据信息。

案例分析

本案例以自由式滑雪雪上技巧 Mogul（猫跳滑雪）项目[①]为例，围绕运动技术诊断的实验流程，以项目训练、比赛所需雪包、赛道等场景以及虚拟运动员为主体模型，进行雪上技巧技术诊断方案设计实验和交互实验。

通过三维仿真技术，模拟运动技术诊断的工作流程，对自由式滑雪雪上技巧技术进行动作控制力学原理呈现与动作解析，达到学生对相应知识点的学习与掌握，通过沉浸式 VR 虚拟情景再现手段，使学生对该运动项目获得体验感。

应用运动学、动力学以及肌电图学等相关仪器设备，获取雪上技巧 Mogul 运动在滑行转弯、空中翻腾以及落地等关键技术环节的量化数据，实现对该项目运动技术进行诊断优化分析，提升动作质量及运动表现。实验以测算分析为主，学生根据预设参数、理论知识、系统提示等独立完成关键动作识别与截取，以及转弯运动学指标参数、腾空运动学指标、着地瞬间动力学及肌电等参数测算，实现对运动技术诊断流程及相关测试仪器的认知等内容。

主要技术

虚拟仿真又称虚拟现实技术或模拟技术，就是用一个虚拟的系统模仿另一个真实系统的技术。虚拟现实（virtual reality）技术是一种综合集成技术，涉及计算机图形学、人机交互技术、传感技术、人工智能等。它由计算机硬件、软件以及各种传感器构成的三维信息的人工环境——虚拟环境，可以逼真地模拟现实世界（甚至是不存在的）的事物和环境，人投入这种环境中，立即有"亲临其境"的感觉，并可亲自操作，自然地与虚拟环境进行交互。虚拟现实是

---

①该案例来源于河南省虚拟仿真实验教学项目研究成果，项目名称：雪上技巧 Mogul 运动技术诊断虚拟仿真实验。项目编号：2019 年度河南省虚拟仿真实验教学项目（教高〔2019〕672 号）。主持人：张庆来。

计算机应用基础

多种技术的综合，其关键技术和研究内容包括以下几个方面：

1. 环境建模技术

对虚拟环境进行建模，目的是获取实际三维环境的三维数据，并根据应用的需要，利用获取的三维数据建立相应的虚拟环境模型。

2. 立体声合成和立体显示技术

在虚拟现实系统中消除声音的方向与用户头部运动的相关性，同时在复杂的场景中实时生成立体图形。

3. 触觉反馈技术

在虚拟现实系统中让用户能够直接操作虚拟物体并感觉到虚拟物体的反作用力，从而产生身临其境的感觉。

4. 交互技术

虚拟现实中的人机交互远远超出了键盘和鼠标的传统模式，利用数字头盔、数字手套等复杂的传感器设备，三维交互技术与语音识别、语音输入技术成为重要的人机交互手段。

5. 系统集成技术

由于虚拟现实系统中包括大量的感知信息和模型，因此系统的集成技术为重中之重，包括信息同步技术、模型标定技术、数据转换技术、识别和合成技术等。

案例实现

1. 实验准备

本实验需准备的器材较多，主要包括：摄像机（或高速摄像头）、足底压力测量仪器、在运动员指定部位粘贴无线表面电极、为运动员佩戴体感动作捕捉设备，并在拍摄视场中央放置参照物和比例尺。打开摄像机（或高速摄像头）、足底压力测量仪器、肌电同步采集器，如图1所示。

图 1　在虚拟场景中放置实验器材

2. 截取技术诊断的素材

根据自由式滑雪雪上技巧 Mogul 的滑行技术特征，结合雪上技巧项目评分标准，运用视频剪辑技术截取关键技术环节时相作为技术诊断的素材，如图2所示。

图 2 截取关键技术环节时相素材

3. 运动信息同步采集

使用运动学、动力学、肌电图学的相关仪器以及体感设备，对关键技术时相的运动信息进行同步采集。此处用到运动录像解析系统、视频快速反馈系统、足底压力测量鞋垫、无线表面肌电测量系统、三维动作捕捉系统共同进行信息采集，如图3所示。

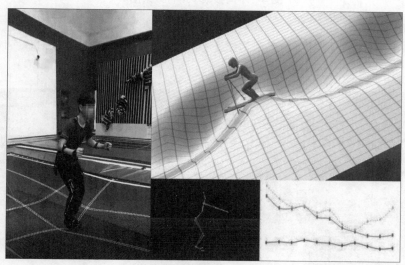

图 3 多维度采集信息

4. 运动数据模拟仿真

通过运动录像解析软件进行剪辑、数字化、合成计算、滤波等几个步骤，获取滑行转弯、腾空离地瞬间身体姿态及空中重心位移、速度以及环节角度、角速度等运动学参数。根据转弯、腾空技术关键数据的调整，模拟运动员滑行效果运行情况。然后，输入转弯、腾空初始运动学、动力学等关键数据信息，随着数据的变化，滑行效果出现相应的变化，如图4所示。

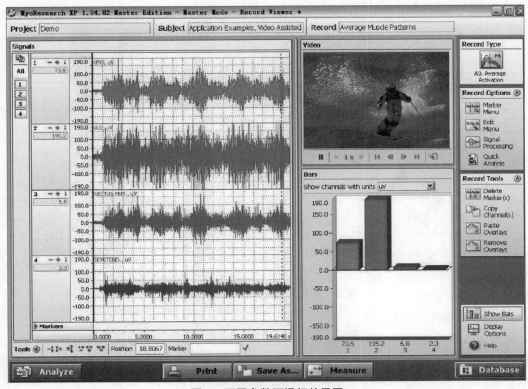

图4　不同参数下滑行效果图

5. 实现虚拟现实体验

通过佩戴VR眼镜实现对自由式滑雪雪上技巧 Mogul 完整动作的虚拟现实体验，如图5所示。

图5　VR体验

案例4 使用Python抓取网页比赛数据

🖥 使用场景

Python在人工智能、科学计算、大数据与云计算、金融等领域具备了强大的优势，这些优势正是通过Python数量庞大且功能完善的第三方库来完成的。但对这些数量庞大的库需要好的工具来管理和维护。

Anaconda可以便捷地获取这些库，操作简单。Anaconda中包含了众多流行的科学计算、数据分析的Python包，如常用的numpy、pandas、scipy、matplotlib等。

同时，Anaconda也是一个Python开发的环境管理器，包含了Jupyter Notebook、Qt Console、Spyder等开发环境工具，如图1所示。

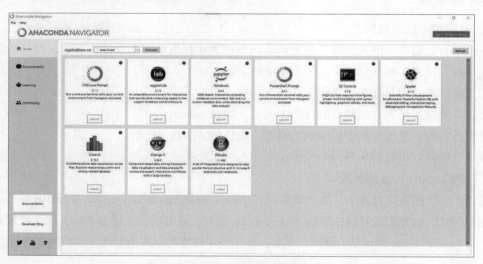

图1　Anaconda中的开发环境工具

其中，Jupyter Notebook提供了基于Web的交互式计算的应用环境，可以用于开发、代码运行和结果的展示，也称"交互式Python"。在Jupyter Notebook环境下，可以直接在网页中开发代码和运行代码，代码的运行结果也直接显示在下方，如图2所示。

需要注意的是，在Jupyter Notebook中创建的文件为ipynb类型。

Spyder是Anaconda提供的Python语言的集成开发环境，在Spyder中创建的文档以py为扩展名存储。

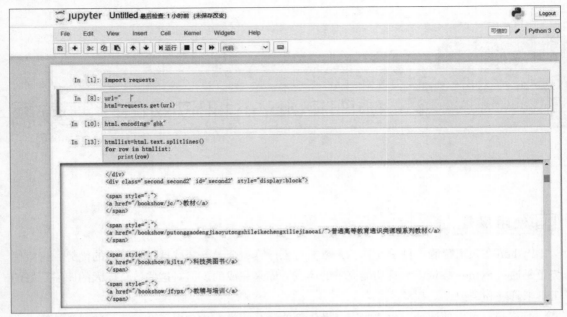

图2　网页代码的运行结果

本案例中使用Jupyter Notebook来编写和运行代码。

案例分析

1. 从网页中抓取数据

Web中有大量有价值的数据，使用Python从网页中抓取数据不仅操作简单，而且功能也十分强大。网页抓取又称网页爬虫，一般步骤如下：

①发起请求，向目标站点发起请求，等待响应。

②获取响应，返回目标网页的HTML内容，即response。

③解析内容，使用网页解析库或正则表达式对HTML进行解析。

④保存数据，可将解析后的内容保存为文本，或者存至数据库。

2. 使用requests库抓取网页

常用的网页抓取库有多个，其中最常用的是requests和BeautifulSoup库。requests库能够模拟浏览器的请求，自动爬取HTML页面。在requests库中，最常用的方法是get()，用于获取HTML网页。而BeautifulSoup是灵活方便的网页解析库，使用该库可以方便灵活地提取网页信息，如：

①使用requests的get()方法获取HTML网页：

```
In [2]:  from bs4 import BeautifulSoup
         import requests
         url="http://www.olympic.cn/sports/world_records/2011/0531/24544.html"
         kv={'user-agent':'Mozilla/5.0'}
         r=requests.get(url,headers=kv)
         r.encoding=r.apparent_encoding
         print(r.text)
```

抓取到的网页内容：

```
<table border="1" cellspacing="0" cellpadding="0">
    <tbody>
        <tr>
            <td class="et5" width="58">项目</td>
            <td class="et5" width="205">小项</td>
            <td class="et5" width="50">运动员</td>
            <td class="et5" width="33">性别</td>
            <td class="et5" width="196">赛事</td>
            <td class="et5" width="72">成绩</td>
            <td class="et5" width="55">举办地</td>
            <td class="et5" width="81">产生日期</td>
            <td class="et5" width="28">名次</td>
            <td class="et5" width="102">输送单位</td>
        </tr>
        <tr>
            <td class="et14" rowspan="6" width="58">短池游泳</td>
            <td class="et14" rowspan="6" width="205">女子4X200米自由泳接力</td>
```

②使用BeautifulSoup库解析和提取网页信息。html.parser是bs4的HTML解析器，可以对源代码进行解析，将解析后的结果返回给BeautifulSoup类的对象soup。通过抓取网页内容，分析网页结构，所需的信息存储在表格标签\<table\>的行\<tr\>及单元格\<td\>中，再使用BeautifulSoup的find_all()方法获取所有\<tr\>标签，返回结果是一个列表：

```
In [4]: soup=BeautifulSoup(r.text,'html.parser')
        rows=soup.find_all("tr")
```

③格式化输出。对所有的表格行\<tr\>，循环获取其中的\<td\>中存储的内容，并将结果格式化输出：

```
In [5]: list1=[]
        for row in rows:
            tds=row.find_all("td")
            ath=[]
            for td in tds:
                ath.append(td.string)
            list1.append(ath)

        for i in range(len(list1)):
            for j in range(len(list1[i])):
                print(list1[i][j],end=",")
            print()
```

④最终抓取的部分结果如下：

项目,小项,运动员,性别,赛事,成绩,举办地,产生日期,名次,输送单位,
短池游泳,女子4X200米自由泳接力,刘京,女,2010年短池游泳世界锦标赛,7:35.94,迪拜,2010-12-15,1,北京市体育局,
王施佳,女,2010年短池游泳世界锦标赛,迪拜,2010-12-15,1,辽宁省体育局,
陈倩,女,2010年短池游泳世界锦标赛,迪拜,2010-12-15,1,山东省体育局,
庞佳颖,女,2010年短池游泳世界锦标赛,迪拜,2010-12-15,1,上海市体育局,
唐奕,女,2010年短池游泳世界锦标赛,迪拜,2010-12-15,1,上海市体育局,

3. 使用pandas库抓取网页

pandas是基于NumPy的一个开源库，广泛用于数据分析、数据清洗和准备工作。pandas功能强大，能很好地处理不同类型的数据，如Excel表格、csv文件、SQL数据库，包括存储在网页上的数据。pandas用在网页抓取中，通常简短的几行代码就可以完成，适合抓取tabel表格型数据。如图3所示，网页中显示了NBA球队在2021—2022赛季的得分数据排名，通过按【F12】键查看网页结构，数据存储在table表格中。

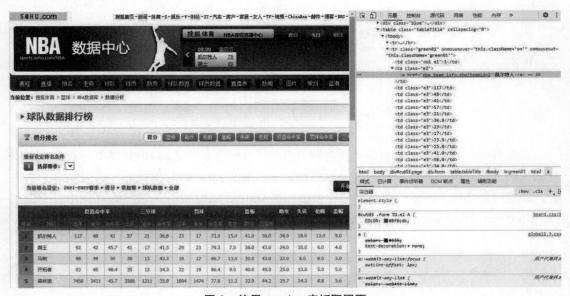

图3 使用 pandas 库抓取网页

①使用pandas库中的read_html()方法抓取网页数据。pandas库中的read_html()方法可以将网页中的表格数据都抓取下来，并以DataFrame的形式装在一个list中返回：

```
In [9]:  import pandas as pd
         url="http://data.sports.sohu.com/nba/nba_team_data.html"
         tables=pd.read_html(url,encoding="GBK")
         df1=tables[0]
         df1.to_csv("d:/球队数据.csv",encoding="utf-8-sig")
```

②将抓取的结果保存为一个csv文件，部分内容如图4所示。使用pandas库中的to_csv()方法，可以将抓取到的表格数据直接存储为一个数据文件。

排名	球队	出手	命中	命中率	出手.1	命中.1	命中率.1	出手.2	命中.2
1	凯尔特人	117	48	41	57	21	36.8	23	17
2	国王	92	42	45.7	41	17	41.5	29	23
3	马刺	98	49	50	30	13	43.3	18	12
4	开拓者	93	45	48.4	35	12	34.3	22	19
5	森林狼	7458	3411	45.7	3386	1211	35.8	1894	1474
6	灰熊	7739	3571	46.1	2679	945	35.3	1898	1393
7	雄鹿	7331	3429	46.8	3151	1153	36.6	1881	1459
8	黄蜂	7497	3508	46.8	3143	1143	36.5	1753	1298
9	太阳	7389	3581	48.5	2616	951	36.4	1635	1303
10	老鹰	7241	3401	47	2821	1056	37.4	1829	1485

图4 保存为 csv 文件

4. 分析排球比赛的技术数据

某场排球比赛中的球员技术数据集主要包括6个技术参数，共8条记录，包括了OH（主攻）、MB（副攻）和OP（接应）3个位置的运动员参数。

技术参数分别为：attack_eff（进攻）、block_avg（拦网）、service_avg（发球）、dig_avg（防守）、set_avg（传球）、recep_succ（接发球）。具体数据如图5所示。

no	pos	attack_eff	block_avg	service_avg	dig_avg	set_avg	recep_succ
1	MB	0.3651	0.59	0.18	0.18	0.18	0.5000
2	OH	0.1876	0.24	0.06	1.12	0.06	0.3704
3	OP	0.1687	0.24	0.18	2.24	0.29	0.6164
4	MB	0.3571	0.36	0.12	0.12	0.12	0.0000
5	OH	0.2222	0.47	0.24	1.29	0.18	0.6875
6	OH	0.2536	0.27	0.16	1.06	0.12	0.5201
7	OH	0.1933	0.24	0.35	1.24	0.18	0.7015
8	MB	0.3125	0.49	0.00	0.12	0.00	0.6667

图 5 技术参数数据

在排球比赛中，不同位置的运动员技术参数会呈现一些特点，对队员的比赛参数使用聚类算法进行处理，并使用图表对运动员的技术参数进行可视化分析。

通过对比赛中运动员的技术参数进行分析，从而归纳出不同位置运动员的技术特点。

主要技术

1. KMeans

KMeans聚类算法将一个数据集中的在某些方面相似的数据成员进行分类，KMeans算法不要求数据实现进行标注，又称无监督学习。

KMeans算法通过迭代计算，可以将给定的数据集分为K个类。

2. Numpy

Numpy是Python中一个用于数组计算的库，包含了数组对象、线性代数、随机数生成等功能。

3. pandas

pandas也是一个强大的数据分析的工具库，可以用于数据挖掘和数据分析。

4. matplotlib

matplotlib是Python最著名的绘图库，可以使用matplotlib将数据可视化，绘制出如折线图、散点图、柱形图、3D图形等静态、动态和交互式图表。

案例实现

1. 导入工具库

代码如下：

```
In [1]: import pandas as pd
        import numpy
        from sklearn.cluster import KMeans
        import matplotlib.pyplot as plt
```

2. 读入数据，创建数据集

代码如下：

```
In [2]: data=pd.read_csv('d:\dt.csv')
        X=data.iloc[:,1:]
```

3. 使用KMeans聚类算法，输出聚类预测结果

这里将k值设置为3，即KMeans将结果分为3类。代码如下：

```
In [4]: clf=KMeans(n_clusters=3)
        y_pred=clf.fit_predict(X)
        print(y_pred)
```

输出预测结果：

```
[0 1 2 0 1 1 1 0]
```

预测结果的分类与原比赛数据中的运动员位置分类相符，由此推断将聚类算法用于比赛参数的分析是可行的。

4. 数据可视化

本案例中选取了较为有代表性的技术参数block（拦网）和dig（防守），通过数据的可视化分析，no字段值为1、4、8的三条记录为副攻，这组比赛数据中block（拦网）值较高，说明副攻除具备较强的进攻能力外，对拦网技术要求也比较高；no字段值为2、5、6、7的记录为主攻，这组比赛数据中dig（防守）值高于其他位置球员，如图6所示。另外，可以加入recep（接发球）技术参数进行分析，也可以得到类似结果。

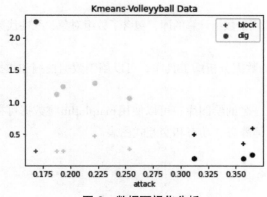

图6　数据可视化分析

案例 5

体育信息数据采集与分析

使用场景

在各种体育运动项目比赛中，当运动员数量较多时，很难根据评分标准快速精确地计算出各个队员的最后得分以及排名次序，如果能够运用WPS电子表格软件录入比赛数据，并运用数据处理及管理功能，就能够解决这一难题。而且针对多个运动项目的成绩，运用WPS电子表格的图表功能，能分析和展示出不同运动项目成绩间的关联度。

案例分析

以某体育学院男子比赛为例，在"根据编号求运动员等级"工作表中（见图1），根据男子100米预赛综合成绩（见图2），可以运用WPS表格功能求出不同编号对应的运动员等级，依据男子100米成绩进行排序，得到比赛排名，再根据不同级别的运动员求出100米比赛的平均值。然后根据100米比赛成绩和跳远成绩，用WPS表格的图表功能分析和展示出两个项目之间的关联度。

	A	B
1	编号	运动员等级
2	1012	一级
3	0209	一级
4	1218	二级
5	0104	一级
6	0413	二级
7	1107	二级
8	0601	二级
9	0712	二级
10	0421	二级
11	0207	二级
12	0603	一级
13	0508	二级
14	0103	二级
15	0707	二级
16	0312	二级
17	1213	二级
18	0510	二级
19	1303	二级
20	0307	一级
21	0903	二级

图 1　根据编号求运动员等级

▲	A	B	C	D	E	F	G	H	I
1	男子100米预赛综合成绩								
2	名次	组/道	编号	姓名	运动员等级	单位	100米成绩(秒)	立定跳远成绩(米)	
3		38	1012	张银辉	一级	南京体院	11.61	2.97	
4		15	0209	张迪	一级	上海体院	11.94	2.67	
5		36	0707	徐鹏	二级	山东体院	11.71	2.89	
6		18	0312	郭聪聪	二级	哈尔滨体院	12.53	2.45	
7		12	1218	盛超	二级	郑大体院	11.72	2.88	
8		35	1213	徐扬	二级	天津体院	12.08	2.58	
9		33	0104	罗洪勇	一级	天津体院	12.01	2.71	
10		13	0413	张泽鑫	二级	南京体院	12.36	2.41	
11		32	0510	罗迪	二级	郑大体院	12.08	2.57	
12		25	1107	张灿	二级	首都体院	12.89	2.42	
13		16	0601	马凯	二级	广州体院	11.84	2.83	
14		23	0712	陈训宇	二级	山东体院	11.81	2.54	
15		26	0421	张宇	二级	上海体院	12.06	2.61	
16		24	1303	张雪	二级	广州体院	11.69	2.85	
17		34	0207	郭磊	二级	山东体院	11.7	2.93	
18		22	0307	谢忠升	一级	哈尔滨体院	11.68	2.92	
19		17	0603	石文彬	一级	天津体院	11.99	2.76	
20		37	0903	陈一鑫	二级	山东体院	12.11	2.6	
21		28	0508	樊浩东	二级	天津体院	12.03	2.61	
22		14	0103	李子豪	二级	首都体院	11.82	2.84	

图2 男子100米预赛综合成绩

主要技术

WPS表格不仅具有强大的数据组织、计算、统计和分析功能，还可以通过图表、图形等多种形式形象地显示处理结果。

1. 数据格式设置

在电子表格中可以输入文本、数值、日期和时间等各种类型的数据。如本案例中的男子100米数据属于数值型，根据需要将单元格数字格式设置为2位小数。

2. 函数功能

WPS表格提供了大量的、类型丰富的实用函数，包括常用函数、财务、日期与时间、数学与三角函数、统计、查找与引用、数据库等，如图3所示，用户可以根据计算需求选用合适的函数。

3. 分类汇总功能

WPS表格可以将数据进行组织、管理、排列、分析，从中获取更加丰富的信息。其分类汇总功能可将同类别的数据放在一起，对数据清单按某个字段进行分类和排序，将字段值相同的连续记录进行数量求和、求平均、计数等汇总运算。

4. 数据透视表功能

WPS表格的数据透视表功能可以对多个字段进行分类汇总。在"数据透视表"窗格中，将要分类的字段拖入筛选器、"行"标签、"列"标签、"数值"区，实现字段的切换。

5. 图表功能

使用WPS表格时，可以以图形形式来显示数值数据系列，反映数据的变化规律和发展趋势，清晰显示大量数据以及不同数据系列之间的关系，辅助用户更直观地进行数据分析。

用户可以根据数据特性、图表制作的需求等选择不同的图表类型，如柱形图、条形图、饼图、折线图、面积图和散点图等。

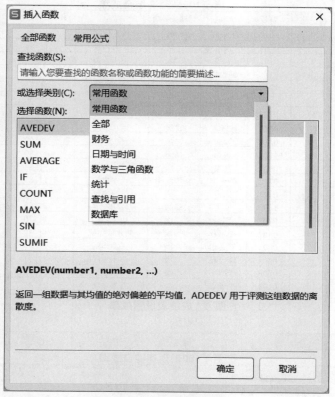

图3　WPS 函数类别

案例实现

1. 男子100米预赛综合成绩清单单元格设置

将比赛数据输入表格中，并对表格进行如下设置：

①设置标题。将数据区域A1:H1设置为跨列居中，标题文字格式设置为黑体、14号。

②设置标题行行高为20，表格中其余字体为宋体、11号。

③设置边框。选中数据区域A1:H22，单击"开始"选项卡中的框线下拉按钮，在下拉列表中选择"其他边框"命令，打开"单元格格式"对话框，在"边框"选项卡中给数据区域设置外粗内细的实心边框，红色。

④将表格的字段名行（名次，组/道……）设置浅灰色填充。选中数据区域A2:H2，单击"开始"选项卡中的"填充颜色"下拉按钮，在下拉列表中选择"主题颜色"中的"白色，背景1，深色15%"。

成绩表设置效果参考图4。

2. 设置数据格式

单击"开始"选项卡中的"字体"对话框按钮　┚，打开"单元格格式"对话框，在"数字"选项卡中利用数据"自定义"格式设置"组/道"列数据显示为图5所示的"1/8"的形式。

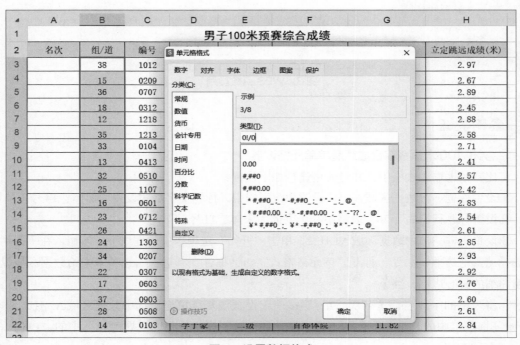

图4 成绩表设置效果

图5 设置数据格式

3. 使用函数功能处理比赛数据

①使用VLOOKUP函数。在"根据编号求运动员等级"工作表中的B2单元格中输入VLOOKUP函数：=VLOOKUP（A2,体育成绩的格式!$C$2:$E$22,3,FALSE），求得图6所示对应的单元格A2对应的运动员等级，拖动B2单元格的填充柄得到每位运动员的等级。

	A	B	...	C	D	E	F
	编号	运动员等级					
2	1012	一级					
3	0209	一级					
4	1218	二级					
5	0104	一级					
6	0413	二级					
7	1107	二级					
8	0601	一级					
9	0712	二级					
10	0421	二级					
11	0207	二级					
12	0603	一级					
13	0508	二级					
14	0103	二级					

B2 | =VLOOKUP(A2,体育成绩的格式!$C$2:$E$22,3,FALSE)

图6　使用 VLOOKUP 函数进行计算

②根据计算所得的100米分数，使用RANK函数统计A列每位运动员的名次。在A3单元格中输入：=RANK(G3,$G$3:$G$22,1)，如图7所示。拖动A3单元格的填充柄得到每位运动员的名次。

AVEDEV | =RANK(G3, $G$3:$G$22, 1)

男子100米预赛综合成绩

名次	组/道	编号	姓名	运动员等级	单位	100米成绩(秒)	立定跳远成绩(米)
=RANK(G3 , $G$3:$G$22 ,1)	3/8	1012	张银辉	一级	南京体院	11.61	2.97
	1/5	0209	张迪	一级	上海体院	11.94	2.67
	3/6	0707	徐鹏	二级	山东体院	11.71	2.89
	1/8	0312	郭聪聪	二级	哈尔滨体院	12.53	2.45
	1/2	1218	盛超	二级	郑大体院	11.72	2.88
	3/5	1213	徐扬	二级	天津体院	12.08	2.58
	3/3	0104	罗洪勇	一级	天津体院	12.01	2.71
	1/3	0413	张泽鑫	二级	南京体院	12.36	2.41
	3/2	0510	罗迪	二级	郑大体院	12.08	2.57
	2/5	1107	张灿	二级	首都体院	12.89	2.42
	1/6	0601	马凯	二级	广州体院	11.84	2.83
	2/3	0712	陈训宇	二级	山东体院	11.81	2.54
	2/6	0421	张宇	二级	上海体院	12.06	2.61
	2/4	1303	张雪	二级	广州体院	11.69	2.85
	3/4	0207	郭磊	二级	山东体院	11.70	2.93
	2/2	0307	谢忠升	一级	哈尔滨体院	11.68	2.92
	1/7	0603	石文彬	一级	天津体院	11.99	2.76
	3/7	0903	陈一鑫	二级	山东体院	12.11	2.60
	2/8	0508	樊浩东	二级	天津体院	12.03	2.61
	1/4	0103	李子豪	二级	首都体院	11.82	2.84

图7　使用 RANK 函数进行排名

4. 使用分类汇总功能

对于"男子100米预赛综合成绩"，按单位进行分类汇总，计算出各单位运动员100米成绩（秒）和立定跳远成绩（米）的平均值，结果如图8所示。

5. 插入数据透视表

在一个新工作表中插入数据透视表，显示不同学院不同运动员级别的100米成绩的平均值，结果如图9所示。

1 2 3		A	B	C	D	E	F	G	H
	1	男子100米预赛综合成绩							
	2	名次	组/道	编号	姓名	运动员等级	单位	100米成绩(秒)	立定跳远成绩(米)
	5						郑大体院 平均值	11.90	2.73
	10						天津体院 平均值	12.03	2.67
	13						首都体院 平均值	12.36	2.63
	16						上海体院 平均值	12.00	2.64
	21						山东体院 平均值	11.83	2.74
	24						南京体院 平均值	11.99	2.69
	27						哈尔滨体院 平均值	12.11	2.69
	30						广州体院 平均值	11.77	2.84
	31						总平均值	11.98	2.70

图8　按单位进行分类汇总

平均值项:100米成绩	运动员等级		
单位	二级	一级	总计
广州体院	11.77		11.77
哈尔滨体院	12.53	11.68	12.11
南京体院	12.36	11.61	11.99
山东体院	11.83		11.83
上海体院	12.06	11.94	12.00
首都体院	12.36		12.36
天津体院	12.06	12.00	12.03
郑大体院	11.90		11.90
总计	12.03	11.85	11.98

图9　显示不同学院不同运动员级别的100米成绩的平均值

6. 应用图表功能显示两个比赛项目成绩的关联度

选中H、I两列数据，单击"插入"选项卡中的"插入散点图"按钮，使用散点图展示100米成绩与立定跳远成绩的关联度。然后依次设置如下：

①添加图表标题：输入图表的标题文本"100米与立定跳远成绩的关联度"，如图10所示。

②将纵轴的坐标值设置为从1.50米开始。

③添加线性趋势线，并显示公式（从趋势线和公式可以观察出100米成绩与立定跳远成绩呈负相关），结果如图10所示。

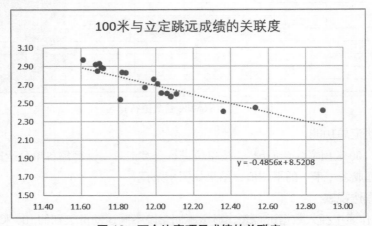

图10　两个比赛项目成绩的关联度